U0366623

中欧前沿观点丛书

［美］赵浩———著

不情愿的领导者

THE RELUCTANT
LEADERS

上海交通大学出版社
SHANGHAI JIAO TONG UNIVERSITY PRESS

内容提要

当领导是一部分人的梦想，却是另一部分人的痛苦，本书关注的就是不情愿却不得不成为领导的人群。他们内心往往会经历犹豫、疲倦和负疚，他们的领导行为也会给组织带来一些独特的挑战。

本书借鉴管理学和心理学的研究文献，系统梳理了不情愿的领导者的动机和行为模式，也穿插了丰富的历史典故、商业案例和测量工具。这些内容一方面可以帮助读者个人整理自己的内心想法，做出更合适的职业选择；另一方面可以帮助组织更好地挑选和说服合适的领导候选人，并帮助他们在就任后变得胜任和愉快，更好地与组织共同成长。

本书适合企业的各级管理者和从业者、第一代创业者和他们的继承人、高校的管理学和领导学教师和学生阅读。

图书在版编目（CIP）数据

不情愿的领导者/（美）赵浩著. 一上海：上海交通大学出版社，2024.9（2025.1 重印）— （中欧前沿观点丛书）.
ISBN 978-7-313-31299-0

Ⅰ. C933

中国国家版本馆 CIP 数据核字第 20242Q195A 号

不情愿的领导者
BUQINGYUAN DE LINGDAOZHE

著　　者：[美] 赵浩

出版发行：上海交通大学出版社　　　　地　　址：上海市番禺路 951 号
邮政编码：200030　　　　　　　　　　电　　话：021-64071208
印　　制：苏州市越洋印刷有限公司　　经　　销：全国新华书店
开　　本：880mm×1230mm　1/32　　印　　张：5.125
字　　数：84 千字
版　　次：2024 年 9 月第 1 版　　　　　印　　次：2025 年 1 月第 3 次印刷
书　　号：ISBN 978-7-313-31299-0
定　　价：59.00 元

中欧前沿观点丛书（第三辑）编委会

院长的话

　　中欧国际工商学院（以下简称"中欧"）是中国唯一一所由中国政府和欧盟联合创建的商学院，成立于 1994 年。背负着建成一所"不出国也能留学的商学院"的时代期许，中欧一直伴随着中国经济稳步迈向世界舞台中央的历史进程。30 年风雨兼程，中欧矢志不渝地追求学术和教学卓越。30 年来，我们从西方经典管理知识的引进者，逐渐成长为全球化时代中国管理知识的创造者和传播者，走出了一条独具特色的成功之路。中欧秉承"认真、创新、追求卓越"的校训，致力于培养兼具中国深度和全球广度、积极承担社会责任的商业领袖，被中国和欧盟的领导者分别誉为"众多优秀管理人士的摇篮"和"欧中成功合作的典范"，书写了中国管理教育的传奇。

　　中欧成立至今刚满 30 年，已成为一所亚洲领先、全球知名的商学院。尤其近几年来，中欧屡创佳绩：在英国《金融时报》全球百强榜单中，EMBA 连续 4 年位居第 2 位，MBA 连续 7 年位居亚洲第 1 位；卓越服务 EMBA 课程荣获 EFMD 课程认证体系认证，DBA 课程正式面世……在这些高质量课程的引导下，中欧同时承担了诸多社会责任，助力中国经济与管理学科发展：举办 IBLAC 会前论坛"全球商业领袖对话中国企业家"和"欧洲论坛"，持续搭建全球沟通对话的桥梁；发布首份《碳信息披露报告》，庄严做出 2050 年实现全范围碳中和的承诺，积极助力"双碳"目标的实现和全球绿色发展。

在这些成就背后，离不开中欧所拥有的世界一流的教授队伍和教学体系：120 位名师教授启迪智慧、博学善教，其中既有学术造诣深厚、上榜爱思唯尔"高被引学者"榜单的杰出学者，又有实战经验丰富的企业家和银行家，以及高瞻远瞩、见微知著的国际知名政治家。除了学术成就之外，中欧对高质量教学的追求也从未松懈：学院独创"实境教学法"，引导商业精英更好地将理论融入实践，做到经世致用、知行合一；开辟了中国与世界、ESG、AI 与企业管理和卓越服务四大跨学科研究领域，并拥有多个研究中心和智库，被视为解读全球环境下中国商业问题的权威；受上海市政府委托，中欧领衔创建了"中国工商管理国际案例库（ChinaCases. Org）"，已收录高质量中国主题案例 3000 篇，被国内外知名商学院广泛采用。

从 2019 年起，中欧教授中的骨干力量倾力推出"中欧前沿观点丛书"，希望以简明易懂的形式让高端学术"飞入寻常百姓家"，至今已出版到第三辑。"三十而励，卓越无界"，我们希望这套丛书能够给予广大读者知识的启迪、实践的参照，以及观察经济社会的客观、专业的视角；也希望随着"中欧前沿观点丛书"的不断丰富，它能成为中欧知识宝库中一道亮丽的风景线，持续发挥深远的影响！

在中欧成立 30 周年之际，感谢为中欧作出巨大贡献的教授们，让我们继续携手共进，并肩前行，在中欧这片热土上成就更多企业与商业领袖，助力推进中国乃至世界经济的发展！

汪泓教授

中欧国际工商学院院长

杜道明（Dominique Turpin）教授

中欧国际工商学院院长（欧方）

2024 年 6 月 1 日

总　序

今年正值中欧国际工商学院成立 30 周年，汇集中欧教授学术与思想成果的"中欧前沿观点丛书"（第三辑）也如期与读者见面了。

对于中欧来说，"中欧前沿观点丛书"具有里程碑式的意义，它标志着中欧已从西方经典管理知识的引进者，逐渐转变为全球化时代中国管理知识的创造者和传播者。教授们以深厚的学术造诣，结合丰富的教学经验，深入浅出地剖析复杂的商业现象，提炼精辟的管理洞见，为读者提供既富理论高度又具实践指导意义的精彩内容。丛书前两辑面世后，因其对中国经济社会和管理问题客观、专业的观察视角和深度解读而受到了读者的广泛关注和欢迎。

中欧 120 多位教授来自全球 10 多个国家和地区，国际师资占比 2/3，他们博闻善教、扎根中国，将世界最前沿的管理思想与中国管理实践相融合。在英国《金融时报》的权威排名中，中欧师资队伍的国际化程度稳居全球前列。中欧的教授学术背景多元，研究领域广泛，学术实力强劲，在爱思唯尔中国高被引学者榜单中，中欧已连续 3 年在"工商管理"学科上榜人数排名第一。在学院的学术研究与实境研究双轮驱动的鼓励下，教授们用深厚的学术修养和与时俱进的实践经验不断结合国际前沿理论与中国情境，为全球管理知识宝库和中国管理实际贡献智慧。例如，学院打造"4＋2＋X"跨学科研究高地，挖掘跨学科研究优势；学院领衔建设的"中国工商管理国际案例库"（ChinaCases. Org）迄今已收录 3 000 篇以中国主题为主的教学案例，为全球商学院教学与管理实践助力。同时，中欧教授提交各类政策与建言，涵盖宏观经济、现金流管理、企业风险、领导力、新零售等众多领域，引发广泛关注，为中国乃至全球企业管理者提供决策支持。

中欧教授承担了大量的教学与研究工作，但遗憾的是，他们几乎无暇著书立说、推销自己，因此，绝大多数中欧教授都"养在深闺人未识"。这套"中欧前沿观点丛书"就意在弥补这个缺憾，让这些"隐士教授"走到更多人的面前，让不曾上过这些教授课程的读者领略一下他们的学识和风范，同时也让上过这些教授课程的学生与校友们重温一下曾经品尝过的思想佳肴；更重要的是，让中欧教授们的智慧与知识突破学术与课堂的限制，传播给更多关注中国经济成长、寻求商业智慧启示的读者朋友们。

今年正值中欧 30 周年校庆，又有近 10 本著作添入丛书书单。这些著作涵盖了战略、营销、人力资源、领导力、金融财务、服务管理等管理领域的学科主题，并且每本书的内容都足够丰富和扎实，既能满足读者对相应主题的知识和信息需求，又深入浅出、通俗易懂。这些书虽由教授撰写，却都贴合当下，对现实有指导和实践意义，而非象牙塔中的空谈阔论；既总结了教授们的学术思考，又体现了他们的社会责任。聚沙成塔，汇流成河，我们也希望今后有更多的教授能够通过"中欧前沿观点丛书"这个平台分享思考成果，聚焦前沿话题，贡献前沿思想；也希望这套丛书继续成为中欧知识宝库中一道亮丽的风景线，为中国乃至世界的经济与商业进步奉献更多的中欧智慧！

以这套丛书，献礼中欧 30 周年！

主编

陈世敏

中欧国际工商学院会计学教授，

朱晓明会计学教席教授，副教务长及案例中心主任

李秀娟

中欧国际工商学院管理学教授，

米其林领导力和人力资源教席教授，副教务长（研究事务）

2024 年 6 月 5 日

目　录

第 1 章

真有人不情愿当
领导吗？

俗话说，人往高处走。即便已经进入高管团队，管理者也大多渴望继续晋升，登上职业顶峰，实现人生的更高价值。

为了当上领导，一些人可能要使用拼业绩、面试、演讲、谈判、拉票、收买、诋毁对手等多种正当和非正当手段。每种手段都需要费心费力，还不一定奏效，甚至可能起反作用，引火烧身。可以推想，在多数情况下，做领导是一个自愿而且吸引力十足的好差事。

但有些人即使面对当领导的机会，也会明确拒绝。我的学生有时候来回推让集体作业组长这个领导职务，大概是因为他们看透了作业组长不仅没权力没好处，还要承担帮大家写作业这个无限责任。

那在真实的职场，十足的"重"权力职位，有没有人明确拒绝送到面前的当领导的好机会呢？也有。不仅有，而且古今中外，大有人在。我先讲三个故事。

"烫屁股"的皇位

第一个故事是古代的，主人公是北宋的最后两位皇帝：宋徽宗赵佶和他的儿子宋钦宗赵桓。宋徽宗多才多艺，在书画、诗词、音律等各个艺术领域都造诣颇深。如果大家打开《宋词三百首》，第一篇就是宋徽宗赵佶的《宴山亭》，因为他是皇帝，所以后人将他的词列为开篇，这算是做领导的好处之一。

平日里，皇位宝座还有更多无比诱人的好处，许多人为了皇位，不惜拼得头破血流，比如唐初李世民通过玄武门兵变，杀掉哥哥，逼迫父亲李渊提前传位给他。但北宋末年的情况很不一样。

1125 年，金国军队压境，直逼北宋国都开封，宋徽宗吓破了胆，准备连夜收拾细软跑路。可是如果皇帝先逃跑，那如何振奋将士军心与敌军对抗呢？所以一些大臣竭力反对宋徽宗逃跑，宋徽宗没别的办法，要想自己跑，必须给天下一个交代。于是他在病榻上哆哆嗦嗦下诏，传位于皇太子。意思是我撂挑子了，有啥事儿去找下一位皇帝吧！

听到这个"提前提拔"的消息之后，赵桓这位太子吓得连忙躲避，哭着不敢接受。宋徽宗诚恳地表示：我是真心的，如果儿子你不接受就是不孝。太子居然顶嘴，说如果接受了更是不孝。就连皇后也来劝说，太子还是不干，死活不去大殿，甚至直接哭晕了过去，这种推辞应该也是真心的。

国不可一日无君，特别是在这种危急时刻，而晕了就更好办了。文武百官们借此机会，七手八脚地给这位倒霉的新皇帝披上了龙袍，抬上了龙椅，生米煮成了熟饭。就这样，醒过来的时候，宋钦宗就算上位了。

宋钦宗不愧是宋徽宗的亲儿子，醒过来他也想跑，但是皇位这个烫手山芋暂时传不出去，他只能硬着头皮做下去。他跟老爹一样，上位后优柔寡断，在"战"与"和"之间反复无常。第一次开封保卫战，大臣李纲指挥京城防御，有条不紊，各地勤王军队陆续到位，形成合围之势，明明战斗局面有利，宋钦宗却派人去向金军赔款割地求和，并罢免了李纲。

金军刚撤，本来应该维持来之不易的和平局面，宋钦宗又觉得吃亏了，于是撕毁协议，拒绝割让说好的地盘。他一会儿打算追击渡黄河回撤的金军，一会儿写信策反金国大臣，摆出一副好斗的姿态，来挽回自己的颜面。几个月后，金军因为没捞到预期的好处恼羞成怒，第二次南侵，包围开封。战力不强而且治理混乱的北宋这一次迎来了真正的灭顶之灾，宋钦宗作为最高领导人被抓走了，他老爹也没躲过，两任皇帝统统成了金国的俘虏，史称"靖康之耻"。

这种不情愿领导的关键词是"恐惧"。做领导能享福，但也要担责，责任还不小。宋钦宗作为"替罪羊"，在被逼无奈之下成为领导，短暂在位期间成为各种矛盾的焦点，担惊受怕，从登基到被俘，一天好日子也没过上。宋钦宗最初的不情愿也就不难理解了。

受罪的总统

第二个故事是外国的，主人公是美国的乔治·华盛顿将军。前一个故事里，当领导面对的是亡国、风雨飘摇，甚至可能被俘、被杀这样的糟糕局面时，出于对安全的考虑，不想当领导也算正常心态。但是摆在华盛顿面前的可是一个红红火火、全民拥戴的大好局面。

那时候，作为大陆军总司令，他带领军队，经过八年多的艰苦战争，击败英国殖民者，赢得了美国独立战争的胜利，声望极高。他是唯一能得到来自各州的选举人团全票支持担任美国开国总统的人选，而提名其他任何一位候选人都会引发分歧和争吵。担任美国开国总统注定会名垂青史，华盛顿收获的是和他的个人贡献相匹配的巨大荣誉，也没什么赌上身家性命的风险，一般人都会欣然接受。

但是华盛顿不是一般人。他对这个推举表现出了极大的不适和抗拒。他性格内向，喜欢清净。做军队总司令的时候，他可以用沉默保护自己，但总统职位将使他无处躲藏。频繁暴露在公众挑剔的目光之下，对他是一种折磨。他在给好友的信中写道：总统职位就像是死刑判决书，接受总统职位就意味着要放弃在这个世界上对个人幸福的所有指望。但是出于责任感，他又不得不去。1789 年 4 月，他离开熟悉的山庄去纽约赴任，在日记中表达了他受难一样的心情："大约十点钟，我告别了弗农山庄，告别了私人生活，告别了家庭幸福，怀着难以言喻的焦虑和痛苦的压抑，出发前往纽约……我要以最好的态度为国服务，服从其号召。但是，我很可能会辜负他们的期望。"①

华盛顿对自己的新头衔惴惴不安。他曾经幻想着自己轻车快马，尽早赴任，减少公众注意力。但是沿路各地热情的群众和地方官员拦住他们一行，坚持搞各种庆典、游行和讲话，让他疲惫不堪。有时候为了躲避庆典，他不得不提前"逃跑"，让别人扑个空。好不容易快到纽约了，华盛顿提前拜托纽约州长别搞任何接待，让他悄无声息地进入纽约。但是他失望了，等待他的是一个非常盛大的庆典，包括一艘以他名字命名的驳船带领的船队，多位地方官员、将军和大量市民、礼炮和音乐。群众越是欢呼和崇

---

① CHERNOW R. Washington: a Life［M］. New York: Penguin Press, 2010.

拜，华盛顿越是恐惧和不安。他很清楚，如果施政结果不符合群众的乐观期望，群众就会把此刻对他过度的赞扬，变成同样过度的批评。

华盛顿对总统岗位的抗拒不仅表现在语言上，也表现在身体上。华盛顿在国会发表就职演说时，面容憔悴，神情慌乱，左手插在口袋里，右手颤抖着翻动讲稿。他声音微弱到连房间里的人都几乎听不清。根据当时在场观众的描述，很可能是因为焦虑，他的声音低沉而颤抖，表情严肃到了悲伤的地步。尽管他事前排练时应该读过好几遍稿子，但正式演讲的时候，他浑身发抖，好几次几乎无法读出稿子上的字，唯一一次使用手势也显得非常笨拙，一点都没有领导者常见的魅力（见图 1-1）。

在就职演说的开头，华盛顿就表达了对自己能否胜任总统职务的担忧。他说这是最让他焦虑的事情，因为他天资驽钝，健康不佳，又缺乏管理国家的实践经验。他也预测了在任职期间，健康会受损，会过早地变老，他更愿意待在隐居地——弗农山庄，他对那里感觉更为亲切和自在。

数年后，美国趋于稳定。对华盛顿来说，权力和公众

图 1-1　迟疑的华盛顿①

的信任依然是一种痛苦和压迫，让他战战兢兢。于是华盛顿拒绝了大家的盛情挽留，终于如愿退休返回老家。究其一生，他不是一个逃避责任的人，他曾在国家面临战火和失败的危急时刻挺身而出担任总司令。他后来克服内向性格的障碍，勉强出任开国总统，避免了一个年轻的国家陷

① 本书中的插图均由作者使用 AI 工具创作。

入内部斗争和混乱，也是难得的担当。而最终，他选择在功成之际退隐山林，非常让人敬佩。很多组织都有这样的人，在组织需要他们时，他们可以暂时抑制内心的不情愿，肩负起使命；一旦完成使命，他们会马上离开。因为他们关注的不是权力，而是责任。

书生董事长

第三个故事是现代的，主人公是美的集团董事长兼总裁方洪波。方洪波不是美的集团创始人何享健的家人，也不是初创期的元老或者核心技术专家，他只是一介书生。1987 年，方洪波从华东师范大学历史系毕业。擅长写文章的他，在湖北的国企码字 5 年，1992 年加入美的这家乡镇企业，当个月薪 400 多元的内刊通讯员，从这个很普通的起点，他逐步显示出才华，成为何享健器重的爱将。

1996 年底，当何享健提议让他担任空调销售公司总经理时，方洪波拒绝了这一职位。后来他回忆说，当时销售公司的主管个性张扬，连老板都有些管不了他，自己不想跟这样的人发生冲突，因此拒绝了何享健的邀请。但 1997 年中，当何享健再次要求方洪波担任改为事业部制后的空调营销总经理时，方洪波硬着头皮上任了。这时，方洪波才刚刚 30 岁，加入美的才 5 年。

上任后方洪波做的第一件事就是换人。他把原销售团队的人几乎全部辞退，包括一些和何享健有深厚关系的人员，也包括那位张扬的主管，然后一批一批招聘新的销售员，手把手带出一个全新的营销团队。方洪波的手腕如此强硬，让大家深感意外。事后，有人砸了方洪波放在停车场里的宝马车。何享健让方洪波把车开到美的总部的大门口，给所有人参观，看看这位年轻领导者为了改革付出的代价。这个事件反而帮助方洪波树立了威信，也帮他立下了"破釜沉舟，一往无前"的变革决心。

2000 年，方洪波被提拔为空调事业部总经理。2001年，方洪波升职为美的集团副总裁。2009 年，何享健将美的电器董事长的职位让给方洪波。2012 年，70 岁的何享健隐退，他任命方洪波接手美的集团董事长的职位，那年方洪波 45 岁。

何享健传位给方洪波而不是自己的儿子，的确是因为看中方洪波的才华。何享健曾自豪地说："我最大的成就就是发现了方洪波。"而在后来的一次采访中，方洪波却说，其实每一次面对提拔，他的内心都充满惶恐。方洪波说："每一次升职我都几乎没有自信去承担。就像一个深夜回家的孩子大声唱着歌只为壮胆，我就是这样一站又一站为自己打气热身——因为明天总会来临，没有人能够逃避。"①

　　综上所述，不情愿的领导者其实很常见。除了皇子、将军、高管，相当一部分民营企业也面临没有子女继承家业的难题。那么普通员工呢? 2014 年美国求职网站 CareerBuilder 的调查显示，只有 34％的人渴望担任领导职务，而渴望担任首席高管级别职务的人只有 7％。这固然说明大多数普通人没有"非分"之想，安心于本职工作，但如果一个组织有心提拔做领导的人恰巧不情愿做，组织一定会感到很头疼。

　　不情愿的领导者这个群体之所以没有引起太多公众关注，一部分原因是这类领导或候选人刻意低调，不愿意引起公众注意，还有一部分原因是反常识而不容易被公众理解。其实不情愿做领导的选择也是合理的，只不过需要我们认真盘点背后的原因。

　　围绕这个群体，还有其他问题值得我们思考:既然他们不情愿，为什么还要勉强他们出任领导? 如果的确有需要，组织应该如何说服他们承担责任? 这些被迫上位的领

---

① 何加盐. 身价 85 亿的文艺青年方洪波:我是美的的"保姆" [EB/OL]. (2020 - 06 - 24) [2024 - 01 - 29]. https://www. sohu. com/a/404218155_99947734.

导是否比那些自己争取上位的领导更消极和无能？他们表达的不情愿，会不会纯属虚伪客套？我将在接下来的章节，结合学术研究和现实案例，分别给予解答。

本章思考题

1. 你身边有不情愿的领导者吗？他们是如何表现出抗拒的？

2. 通常来说，在什么情况下会出现不情愿的领导者？

第 2 章

定义与框架

上一章说的三位领导者，宋钦宗赵桓、华盛顿和方洪波，都属于我们所说的不情愿的领导者。本书通过梳理不情愿的领导者的动机和行为模式，希望可以帮助组织更好地挑选和培养合适的领导人，也帮助读者整理自己的内心想法，做出更合适的职业选择。

本书提到的组织是一个广泛的抽象概念，指的是除候选人之外的组织成员集体，这个集体有共同的利益和目标。在日常工作中，组织依靠其代理人出面来维护共同利益和追求共同目标。组织的代理人通常是现任或者前任领导者、公司创始人、董事会、人力资源部门等。他们站在决策者的高度，为集体而决策；但如果同事和下属也参与甚至主导决策（比如选举、推荐、政变），则也承担组织代理人的角色。

定义和研究难点

在正式开启本书之前，我们有必要先对不情愿的领导者给个正式一点的定义：不情愿的领导者狭义上是指那些在上任前对领导职位明确表示了拒绝，后来被迫上任，却一直试图逃离的领导者。不情愿的领导者最大的特点是自我矛盾，明明不喜欢，却选择了去做。

我们需要把这个概念和其他概念区别开来。比如，不情愿的领导者不等同于非正式领导者，后者只是不想得到或者不能得到组织正式认可的最高领导者名号，但可能非常热衷于发挥自己的影响力。比如乾隆 85 岁高龄时卸下皇帝头衔，改做太上皇，但这位非正式领导者却继续拥有巨大权力，架空他儿子嘉庆皇帝长达 3 年之久。类似的，某些公司的创始人宣布隐退后，依然拥有而且享受对公司事务的影响力，频繁出手干预继任者的决策。他们不是不情愿的领导者。

不情愿的领导者也不等同于谦卑型领导者，后面这类领导者只是姿态低、说话客气。比如领导西天取经团队的唐僧，并不拒绝履行领导职责，在带领大家取经这个原则问题上无比坚定，对下属使用仅有的那点权力时也很果断，比如念紧箍咒，看不出一丝丝的不情愿。

有了对不情愿的领导者的界定，我们就可以展开研究和分析。首先是领导动机和领导能力之间的关系。领导动机和领导能力有很大的区别，但也有千丝万缕的联系。先说区别，动机说的是情愿不情愿，能力说的是能干不能干。下一章会提到，即使能干的人，也会因为种种原因不情愿；而情愿做领导的人，有时候并不怎么能干，我们在组织里也会看到身居高位但是能力平庸的人。解决一个人的能力不足，可以靠技能培训或者招聘具备相关技能的员工；解决一个人的动机不足，因为涉及"攻心"，会更复杂。

领导动机和领导能力这两个因素有很大的联系，会互相影响。那些很情愿和很享受领导和控制他人的人，有时候会有一种迷人的自信，这种魅力能吸引到忠实的追随者，帮助这些人实现目标。例如苹果公司创始人乔布斯自带"现实扭曲力场"，能用他极富魅力的措辞风格、不屈的意志和让现实屈从于自己意图的渴望，给员工洗脑。

《乔布斯传》举了一个例子。一天，乔布斯对负责Mac操作系统的工程师抱怨电脑开机时间太长，工程师开始解释为什么从技术上做不到，但乔布斯打断了他，问道："如果能救人一命的话，你愿意想办法将启动时间缩短10秒吗？"工程师说也许可以，于是乔布斯演算，如果开机减少10秒钟，乘以公司预计的用户人数，那就能省下约100个人的终身寿命。这番话让工程师十分震惊，几周后他居然把开机时间缩短了28秒。下属评价乔布斯是一位控制欲极强的完美主义者，能让员工疯狂工作，实现他各种看似古怪的要求。所以领导者自己的强烈动机在一定程度上能转化为一个领导者达成目标的能力。

另外，能力也会影响动机。那些有自知之明的人会掂量自己的领导能力，如果他们没有干好领导工作的信心，就会在没有尝试之前放弃摆在面前的领导机会。

在研究领导动机的强弱时，学者发现有两个难点。第一个难点在于它是极度个性化的。甲之蜜糖，乙之砒霜。我们不能假设大家都爱当领导，也不能轻易推测一个人领导意愿的强弱。大到社会文化，小到自己的过往人生经历、个性、价值观、工作经验，都会对人的领导动机产生影响。

领导动机的另一个研究难点在于它是动态的。加上有人会掩饰真实意愿，所以一个人到底有多不情愿很难精准捕捉和量化。比如美国总统大选有一个环节是党内初选，有时候会出现戏剧化的一幕：某个总统候选人上周还在到处演讲，攻击党内对手，这周却宣布退选，理由是醒悟到人生真谛，对当总统不感兴趣了，要多陪伴家人；下一周又欢天喜地地宣布要加入前不久攻击过的对手那边做其副手，在各地巡回拉票，把陪家人的承诺忘到九霄云外了。虽然这种变化很夸张，我们身边的大多数人不会如此多变，但一个人对领导职位的兴趣和热情，在职业生涯的不同阶段的确可能会改变。

领导者的意愿类别

在职业生涯的不同阶段考察候选人的意愿，找到他们不情愿的原因和走向，能够帮助组织更有针对性地了解候选人，激发他们的活力和绩效。因此，我们对上任前后候选人的意愿进行划分，大致可以把领导者细分为以下四类：坚定的领导者、兴趣转盛的领导者、兴趣消失的领导者，以及（狭义上的）不情愿的领导者，如表 2-1 所示。

表 2-1　领导意愿分类

		上任前	
		情愿	不情愿
上任后	情愿	1. 坚定的领导者	2. 兴趣转盛的领导者
	不情愿	3. 兴趣消失的领导者	4. 不情愿的领导者

本书重点关注的是狭义上的不情愿的领导者，但是很多时候，领导者尤其是在职者，要么资料记载有限，要么是他们对职位的真实兴趣表述模糊；在实践中，除非他们有像华盛顿总统一样真的挂冠而去这样明确的行为，我们不是很好判断其兴趣是转盛还是消失。既然这两类人和狭义的不情愿的领导者不易区分，所以在余下的章节中所称的不情愿的领导者有时候不得不越界，涵盖兴趣转盛的领导者和兴趣消失的领导者，因为他们是领导者，而且至少

在某个时间点表达了不情愿。

接下来，我们将逐一介绍上表所述的四种领导者类型。

第一类是坚定的领导者。这类领导者最符合我们的刻板印象。无论是进京赶考的读书人、混战的军阀、四处演讲拉票的政客、加班加点拼升职的职场人，还是自立门户的创业者，都是为了获得影响他人的权力。对权力的追求是人类的一种本能，而直接担任领导职务无疑是掌握权力的最佳方式。他们对于领导职位有明确的认同感和追求，对自己的领导角色有清晰的认识，非常期望通过就任来实现自己的价值，获得别人对自己的认可。

唐太宗李世民是这一类领导者的代表。公元 626 年，他通过玄武门之变逼迫老爹提前让位给他，在任期间积极勤勉，为中国带来名垂千古的"贞观之治"，成为治世的典范。

如前面所述，领导者的兴趣强弱，是否坚定，不等于他们干得对或者干得好，毕竟希特勒这样的领导做坏事也很坚定，柏林失守的时候都带头宁死不降。这一类有野心、有决心的领导者，无论好坏，都是领导学研究者重点关注的主流人群，所以在本书中不再赘述。

第二类是兴趣转盛的领导者。这类领导也可以说一种高潜力人才。他们最初可能并不热衷于担任领导角色，当上任后他们或因为自己心态发生改变，抑或是发掘出了自己的管理潜力，进而改变态度，对领导工作充满了热情。他们由消极变为积极，体现了他们对于领导角色兴趣增长的特点。

电影《俄罗斯方块》中，慧眼识珠的任天堂社长一拍即合同意投资开发俄罗斯方块游戏，并在手掌游戏机上推出这款游戏。作出决策的是任天堂的第四代掌门人山内溥，也就是将任天堂真正变成游戏公司的领导者。山内溥就是一位兴趣转盛的领导者。

成立于 1889 年的任天堂最初的主业是花札（扑克）制作，山内溥的父亲山内鹿之丞早年抛妻弃子，离家出走，家族企业靠祖父支撑。最初山内溥只想当一个快乐的公子哥，在东京过着花天酒地的生活。他对家族的扑克生意毫无兴趣，从不过问公司事务。当祖父年事已高，期待他接班时，他也不愿意。直到祖父中风病危，作为家族唯一的男性继承人，他不得不回来接管公司。因为对本行业不感兴趣，他尝试不同的行业和领域，包括出租车、酒店、食品等，但都以失败告终。然而，正是这些失败经历让他意识到必须改变，展现出不畏失败的决心和开放的视野。他勇于拥抱新思想，吸引了横井军、上村雅之等电子游戏领域的人才加入公司，允许团队自由实验创新理念，为日后发明颠覆游戏方式的红白机奠定了基础。1983 年，家用游戏机 Family Computer 正式发售，这款红白机在当时席卷了整个游戏市场，为任天堂开创了辉煌的游戏时代。山内溥执掌任天堂 50 年，为任天堂的"成神之路"打下了地基，正是在他的领导下，任天堂逐渐从传统纸牌公司，成功转型为全球电子游戏行业的领军者[①]。

山内溥的经历鲜明地展现了从最初的不情愿到情愿，最终大获成功的完美职业历程。他的经历体现了领导者在面临挑战和逆境时的成长和变革力量，证明了即使最初并不热衷于领导角色，也能通过勇于接受挑战和不懈努力，最终实现卓越的领导成就。

第三类是兴趣消失的领导者。与兴趣渐增的领导恰好相反，这一类领导的领导兴趣随着时间的推移逐渐下降，由情愿转为不情愿。在上任之初，他们可能对领导工作踌躇满志，充满热情；但随着时间的推移，这种激情可能由于自己的兴趣转移，对于重复工作的倦怠，抑或是无法解决的工作或者个人生活方面的难题，而逐渐消失。

有的领导者是因为宗教信仰而对领导岗位兴趣消失。

---

① MC 阿骨打. 游戏帝国史前史：投资失败的他，干出了任天堂［EB/OL］.（2019 - 10 - 24）［2024 - 1 - 29］. https：//36kr. com/p/1724565209089.

中国南北朝时期的梁武帝萧衍，公元 502 年通过政变上台，一共做了 48 年皇帝。他在做皇帝的初期，吸取了南齐灭亡的教训，勤于政务，不分冬夏春秋，总是五更天起床，批改公文奏章，政绩也非常显著，是一个典型意义上的情愿型领导者。在执政中后期，萧衍不仅推崇佛教，广建寺庙，发展僧徒，而且还频繁地往寺庙里跑，甚至四次撇下皇位入寺当和尚，成为中国历史上唯一一位在位时出家的皇帝。群臣不得不多次筹集巨资送给寺庙，才得以赎回这位"皇帝菩萨"维持朝廷运转。萧衍在寺中当住持，讲解经书，还精心研究佛教理论。梁朝多了一位佛学大师，但少了一个称职的领导人。80 多岁的萧衍不再有精力打理朝政，但他也不禅位，最后朝纲荒废，自己也被叛军软禁而饿死。

有的领导者是因为爱情而放弃现有的领导岗位。英国前国王爱德华八世的故事就像一出戏剧。1936 年 1 月，爱德华八世继承了王位，然而，他的心却被美国社交名媛华里丝·辛普森夫人所俘获。这段罕见的王室爱情故事，迅速演变成了大英帝国史上一场震撼人心的宪法危机。辛普森夫人，一个拥有两段失败婚姻的女性，成了爱德华八世继续担任国王的"绊脚石"。按照英国国教的规定，作为教会领袖的国王不能迎娶一位有过两次婚姻历史的女性，尤其是在她的前夫尚在人世的情况下。这段爱情不仅遭到了英国内阁的强烈反对，甚至引起了英联邦国家如澳大利亚、加拿大和南非政府的正式反对声浪。英国民众的情感也是一道难以逾越的壁垒。人们普遍认为，辛普森夫人不过是个金钱和地位的追逐者，并非真心爱着国王。在这样的压力之下，爱德华八世做出了一个惊世之举——他宣布退位。这一决定使他成为英国和英联邦历史上唯一一位因爱情而自愿放弃王位的国王。在爱德华八世宣布退位后，他的弟弟乔治六世被迫接替了王位，成为一位不情愿的领导者，我们稍后再细说他的故事。"不爱江山爱美人"的爱德华八世终于在 1937 年与辛普森夫人步入婚姻的殿堂，他们的这段婚姻维持了 35 年，直到爱德华的生命终结。这段爱情故事，虽然美丽，却也充满了牺牲和争议。

有些领导者是因为新机遇的出现而导致对现有岗位兴趣的消失。商界环境复杂多变，企业的领导者们常常面临新的商业机遇，这些新机遇有时会深深地动摇他们对现有岗位的忠诚与兴趣。这种现象在雷军的故事中得到了生动的体现。雷军在金山公司取得了辉煌的成就，包括于 2007 年成功带领公司上市。然而，令人意外的是，这一巅峰时刻仅仅过去 2 个月，雷军就决定辞去 CEO 的职位。这背后的原因部分在于他对当时互联网时代蕴含的新机遇的强烈渴望。在金山，尽管已成就一番事业，但他的视野和抱负却受到了董事会坚持"软件至上"理念的限制。在离开金山之后，雷军并没有停下脚步。他转战投资领域，将目光投向了互联网和科技创新的新兴企业。在这一过程中，他不仅积累了丰富的行业经验，还建立了广泛的人脉资源。这一切的积累，为他后来的创业之路打下了坚实的基础。终于，2010 年雷军开启了他职业生涯的又一个辉煌篇章——创办小米公司。在小米，他得以充分施展自己的经营理念，将其对科技和市场的深刻理解转化为实际成果。这个故事不仅体现了领导者对新机遇的敏锐洞察，也展示了在商业环境中把握时机、转变角色，以及勇于追求新的职业高峰的重要性①。

第四类是狭义上的不情愿的领导者。这一类领导者是本书的重点讨论对象。就像我们在前一章列举的三个主人公一样，他们是最为矛盾的领导者，因为他们在上任前后都对领导的工作不感兴趣，然而他们却因为某种原因不得不担任领导的工作。他们的期待是离开，但是又被束缚，无法离开自己的岗位。我们在后面会详述，在此不展开。

除了上述四类领导者，还有第五类人需要考虑。那些

---

① 范海涛. 生生不息：一个中国企业的进化与转型［M］. 北京：中信出版社，2021.

非常不情愿上任而且最终没有上任的候选人。既然他们没有成为领导者，严格来说，他们不是不情愿的领导者。但是为什么他们如此不情愿，而且可以成功地抗拒组织压力，也值得我们关注和思考。所以我们在第 3、第 4、第 5 章谈及为什么不情愿，组织为什么要推举他们，以及组织如何说服他们的时候，也会简单地讨论这一类人。

还有第六类人，比如你我这样的芸芸众生，过去不是组织的领导者，未来也不太可能被他人推举或者逼迫登上高位，跟这个话题似乎没有联系。但是，思考"我如果中了千万彩票大奖会怎么花"这样的假设性问题，至少可以给我们的平凡生活带来一些乐趣。我们不妨怀着一丝代入感来阅读本书，品味那些天选之子的痛苦和纠结，说不定会让我们更珍惜眼前的生活。

本章思考题

1. 不情愿的领导者可能向非正式领导者或者谦卑型领导者转化吗？

2. 一个领导者如果从不情愿转变为积极接受领导角色，这一转变过程中最关键的因素是什么？

第 3 章

为什么候选人不情愿？

周杰伦早年在一首歌里唱道："荣耀的背后是一道孤独。"这句歌词也适用于很多领导岗位。

为什么候选人拒绝做领导？2014 年美国求职网站 CareerBuilder 的调查显示，大多数人（52％）说他们对目前的职位感到满意，40％的人表示他们没有必要的学位或技能，34％的人说他们不想牺牲工作与生活的平衡。土耳其学者泽伊内普·艾坎及其合作者在《欧洲管理评论》发表的一篇文章中，专门提出了一个"当领导忧虑症"的概念[①]，列出了让候选人忧虑的各项原因，比如担心失败、耗费时间、造成伤害。如果你也好奇自己是否不情愿做领导，可以填写这篇文章设计的自测量表，我已经把该量表翻译为中文并附在本书最后。

正如图 3-1 中小和尚们所回应的那样，盘点各种不情愿的理由之后，让不情愿的领导们烦恼忧愁的通常是这四类原因：没资格、没能力、不合算，以及没想过。

名不正言不顺，没资格

第一个常见原因是没资格，也就是候选人担心自己的

---

① AYCAN Z, SHELIA S. "Leadership? No, thanks!" A new construct: worries about leadership [J]. European Management Review, 2019, 16(1): 21 - 35.

图 3-1　不情愿做领导的四大原因

身份不够格做领导。在某些特定类型的组织中，比如封建王朝、家族企业或长期由特定团体控制的公司中，领导者的选拔往往不是完全基于能力或合适性的考量，而是受到组织传统、继承规则、法律或者合规性要求的影响，资格要求很严。如果候选人没资格却意外上任，会面临下属或明或暗的抵抗，不但很快会因为工作无法推进而下台，严重的甚至会丢掉性命。

前面的例子提到，金国灭亡北宋，掳走徽宗、钦宗和全部在京城的宗室人员。这之后，他们需要建立一个傀儡政权，于是让大臣推选一个人当皇帝，而且不能是在外地的赵家人。古时候没有选举制，要从同事中选出一个人来当皇帝，大臣们总感觉很别扭。更何况谁也不敢毛遂自荐去当这个皇帝。不过金人威胁屠城，这个任务必须完成。

会议现场一片沉默，最后有人提议，既然在场的人都不敢当皇帝，不如选一个不在场的人应付一下。大家如释重负，一点名，发现担任过宰执这个高级级别的大臣中，唯一不在现场的是张邦昌，因为他上周出使金军营地的时候被扣留在那里了。于是大家联名，一致推选张邦昌为新皇帝。

在金军营地，金军元帅把百官的推戴状给张邦昌看，他大惊失色，表示要自杀。此时金军再拿最擅长的杀头威胁他就不管用了，但他们也不擅长做思想工作，就想把说服的难题踢回给城内宋朝百官，但是先要把张邦昌弄回去。于是金军骗他说还是立赵氏子孙为皇帝，让他以宰相身份进城监督，张邦昌这才答应进城。

回来之后，百官们请求张邦昌当皇帝，他绝食四天，大骂众人害他；逼急了，他就拔刀要自杀，吓得人们赶快将他拦住，哭着说："你要死也要死在城外啊，偏跑到城里来死，你这不是连累这一城的百姓吗？"又有人劝说："你先权且当一下皇帝，等金人走了，你到底要将皇位还给赵氏，还是将皇位据为己有，这都看你自己。"张邦昌只好答应下来，哀叹自己是以九族性命换取一城人的性命。

张邦昌登基的时候，就不敢坐皇帝的位子（见图 3-2）。在他短暂的统治期间，始终没有完全行使皇帝的权

图 3-2 不敢坐皇位的张邦昌

力，在形式上也尽量避免使用皇帝的专属称谓和礼仪。他坚决制止朝廷官员向他跪拜行大礼，如有人对其跪拜，他必定拱手对着东面站立。他与朝廷官员开会聊天时自称为"予"而不是"朕"，公文往来时用"手书"而不是"圣旨"。他平日穿常服，只有在金人来访的时候去后面换上皇帝的袍子客串一把。他始终与朝廷官员们以平级关系相处，也对自己用什么名号很敏感。他曾想大赦天下，却为自己到底有没有资格大赦而纠结。

凡此种种，都充分证明了他深谙封建礼教，依然坚持为臣的礼制。在金国搜刮完金银财宝退兵之后，他先是就近请回被废的孟氏做太后，主动去除帝号，一切命令以太后名义颁布，接下来又恭顺地将皇位拱手归还给在外地的康王，也就是后来的宋高宗赵构。

张邦昌这段伪皇帝生涯仅持续了 32 天，在一定程度上保全了京城百姓和皇家资产，却没什么人记他的好，他当初担忧的结局还是来了。虽然一开始在移交的时候，赵构故作宽宏大量地赦免了他，但几个月后借其他理由秋后算账，张邦昌被迫自尽。

张邦昌也算是中国历史上的不情愿的领导者，他的不情愿，比之前被手下大将拥立称帝而假装不情愿的刘邦、刘备、赵匡胤等要纯粹得多。他的思想和做法比当时一连串的投降派高官强多了,就算有错,也不至于死罪,他的悲催下场只能说明赵构气量狭隘。张邦昌之所以在历史上不是很出名,也许是因为后来冤死在赵构手上的岳飞更委屈。

而金国在不情愿的张邦昌身上显然也领悟到一些教训,在立另一个傀儡政权伪齐的时候,金国找的代理人就是非常情愿的北宋降臣刘豫。刘豫一条道走到黑,跟南宋死磕到底,给南宋军民带来了巨大的损失。

难度太大,没能力

第二个不情愿的常见原因是没能力,即候选人担忧自己缺乏领导需要具备的能力,与其做得不好,还不如不做。这种担心是候选人的主观感受,跟客观能力没有必然联系。不管多优秀的人,如果是完美主义者,都可能感觉自己不够好,所以严格来说是候选人不自信。

候选人不自信的原因主要是他们心目中的领导能力标准很高。毕竟群体成员对领导这个角色是有期待的,希望领导能带队伍、打胜仗,提高成员的幸福感。一个负责任的候选人就要掂量自己是否具备足够的领导能力,去承担这样的重任。众目睽睽之下,不能辜负大家的期待。

最容易让候选人觉得不自信的能力是他们的社交和人际协调能力。带队伍需要说服和鼓舞下属，处理复杂的人际关系，让大家对自己服气。打胜仗需要好的业务水平和战略眼光，能跟各色外部人群打交道，比如投资人、客户、分销商、政府官员等。而提升成员的幸福感需要读懂和满足每个成员的独特需求。更麻烦的事情包括处理团队冲突，批评和处罚犯错和低效的员工，对外斗争和捍卫组织的名声和利益。此外，高层领导不得不出席很多典礼、会议和宴席等社交活动并发表讲话。以上种种挑战，对于那些更喜欢专注于业务本身而非社会互动的人来说，着实是个不小的压力。

一个好的技术专家不一定是好的领导，因为领导他人所需要的能力跟技术专长往往没有关系。就连爱因斯坦这样的大科学家在被邀出任以色列第二任总统的时候，也因为觉得自己不配而拒绝，而且他拒绝成功了。

1952 年，以色列首任总统哈伊姆·魏茨曼逝世，他是一位曾经与爱因斯坦有过多年友谊的生物化学家。爱因斯坦的犹太血统、国际声誉，以及他为希伯来大学的辛勤奔走，都使他在以色列人心中有着崇高的地位，由他做总统来象征犹太民族的伟大，再好不过了。于是，以色列驻美国大使奉总理本-古里安的指示，打电话询问爱因斯坦是否愿意担任以色列第二任总统。

当时爱因斯坦已经年过七旬，身体状况不佳，精力有限。更重要的是，他知道自己是一个纯粹的科学家，对政治和行政事务没有兴趣，如果接受了以色列总统的职位，将会面临无法承受的压力和责任。因此，爱因斯坦拒绝了，他回答大使先生说："关于自然，我了解一点；关于人，我几乎一点都不了解。"大使进一步劝说："教授先生，已故总统魏茨曼也是教授呢！您能胜任的。"爱因斯坦说："魏茨曼和我不一样。他能胜任，我不能。"

很快，大使的书面邀请信也寄到了，爱因斯坦所需做的是出发前往以色列和接受以色列国籍，国家还愿意提供给爱因斯坦充裕的科研资源和极大的自由空间。在回信中，爱因斯坦说："我确实非常感动，随即感到悲伤与羞怯。我无法接受这项提议。我一生都在研究客观物质，因此，缺乏那份与他人适当相处的天性以及担任官方职务的经验。所以，本人不适合担此重任[1]。"

华盛顿和爱因斯坦这类不善于和人打交道的人，就是现在常说的"社恐"，或者叫"i 人"，在心理学上也被称

---

[1] DUBEY A. The time Albert Einstein was asked to be President of Israel [EB/OL]. (2022 - 08 - 04)[2024 - 01 - 26]. https://www.britannica.com/story/the-time-albert-einstein-was-asked-to-be-president-of-israel.

为内向型（introverted）。内向型的人对外部世界，以及人与人之间的相处和互动容易感到疲惫。他们不是完全排斥人际交往，根据瑞士心理学家荣格的性格理论，内向型的人喜欢和更少、更熟悉的人待在一起，并享受阅读、写作、思考等可以单独进行的活动①。把人分为要么外向要么内向是一种简化的做法。内向/外向是一个光谱条，很少人是极端外向或者内向的，大多数人处于中间区域，差别是偏内向多一些或者偏外向多一些。

一个快速判别你是偏内向还是外向的办法是问你自己，和一群不熟的人说话之后，你感觉是"充电"了还是"放电"了？陌生人社交对内向的人而言，非常消耗能量；而对于外向者来说，则是补充能量的过程，越说越兴奋。

爱因斯坦说内向的人没能力担任领导，我当然尊重爱因斯坦的科学贡献，但并不完全赞同他关于领导者能力的这个观点。2006 年我在美国《应用心理学》发表文章，报告了我的研究发现：全球企业家和普通大众在多数性格指标上有差异，但唯独在内向/外向这个指标上没有区别②。

---

① JUNG C, BEEBE J. Psychological types [M]. Oxford: Routledge, 2016.

② ZHAO H, SEIBERT S E. The big five personality dimensions and entrepreneurial status: a meta-analytical review [J]. Journal of Applied Psychology, 2006,91(2):259-271.

换句话说，即使内向的人，也能胜任组织领导的角色，潜在的领导人才不必因为天性不够外向而放弃这个方向的努力。

欧美职场流行"内向的人不会和人打交道，不可能成功"这样的刻板印象，浪费了很多潜在人才。许多公司的选拔和晋升制度强调行动力、自信和支配力，而这些特质通常和外向联系在一起，所以很多人误以为外向是成为卓越领导人必需的条件。而内向的人，常被公众怀疑能否在复杂多变的商业世界中生存下来，更别提他们能否胜任领导位置了。有人为了混职场而伪装自己外向或者主动放弃就任领导。心理学的研究表明，成年人的内向程度非常稳定，没有必要因为自己内向而自卑，而且伪装外向，其实也伪装不来[①]。内向在企业领导者中并不是一种罕见或者奇葩的性格。世界范围内有脸书的创始人扎克伯格和谷歌的创始人佩奇等赫赫有名的内向型领导代表人物。在中国的企业领导者中，也有很多内向的人，比如丁磊和方洪波。问题的关键是内向型领导必须充分了解自己的性格特征，并知道如何在性格阻碍工作展开前率先去创造出适合自己的环境。

---

① SOTO C J, JOHN O P, GOSLING S D, et al. Age differences in personality traits from 10 to 65: big five domains and facets in a large cross-sectional sample [J]. Journal of personality and social psychology, 2011,100(2): 330 - 348.

亏本生意，不合算

候选人抗拒做领导的第三个常见原因是不合算。俗话说："欲戴皇冠，必承其重。"即使候选人有能力、有信心履行领导职能，但如果候选人评估领导职位可能带来的"沉重"大于戴上皇冠的收益时，他们可能会对担任领导角色表现出抗拒。

那些不情愿的领导者，是因为他们不想要权力吗？著名哲学家罗素认为不是。他在一本名为《权力论》的经典著作里指出人都是有权力欲望的。罗素将权力定义为人类的核心需求之一，并认为权力是推动社会进步的关键要素。他认为，权力对于人们具有极大的吸引力，它是人们内心对于成功的想象的一部分。权力欲望存在于每个人身上，只是表现形式不同。对于领导者而言，追求权力是显而易见的；对于追随者来说，这种欲望可能更隐晦。罗素说："权力的嗜好在怯懦者身上伪装成服从领导的冲动，这扩大了胆大者权力冲动的范围。"①

有人可能会提出自己对权力不感兴趣。"权力"这个

---

① 罗素. 权力论：新社会分析 [M]. 吴友三，译. 北京：商务印书馆，2012.

词看起来高高在上，甚至有点操纵和欺负他人的负面含义，其实它是一个中性词，说的是影响或控制他人且不被他人控制的能力，性质可好可坏。如果我们把它理解为话语权，也就是一个人在群体中说话别人听不听，或者理解为自主权，也就是一个人是否可以按照自己的方式做事情，那么权力的确是个好东西，似乎多多益善。

问题是，权力的获取和保持都需要付出代价。哈佛大学学者大卫·麦克利兰在他的成就动机理论中提出，人除了对于权力的需求，还有两大高层次需求：成就和归属。权力的获取和保持不一定能帮助人们实现后面两大需求，有时候还得牺牲其他需求。比如前面提到的爱德华八世，他面临的选择，一头是皇位（权力），一头是爱情（归属）；雷军面临的选择，一头是金山公司 CEO 的职位（权力），另外一头是互联网时代获得最大限度的成功（成就）。愿不愿意做领导，本质上是一个权衡和取舍。两个好东西，只能选一个，牺牲掉的那个就是机会成本。如果机会成本高于做领导的益处，候选人就不太可能选择做领导。

领导者需要掂量的机会成本不只是归属和成就，下面是其他几个方面的成本。

第一个是个人和家庭时间成本。每个人都有自己的生活，被工作占据太多精力时，就会引发大家的厌倦。成为领导之后不可避免地需要把更多的个人时间奉献给工作，这势必会影响自己的时间安排。对于一些人来说，如果要他们花费大量时间处理行政工作，进行人员管理，他们就没有时间提升特定领域的专业成长，或从事自己真正的兴趣爱好。

除了个人专业和兴趣爱好外，家庭时间也会被挤占。我们经常看到在周末需要处理工作的人，成为领导后重要和紧急的工作更多，这会在某种程度上迫使他们牺牲与家人、朋友相处的时间，对家庭和谐造成影响。如果候选人非常在意工作和生活的平衡，这无疑会降低他们当领导的意愿。

金·斯科特在《绝对坦率》一书中描述，推特公司给了她一个她曾梦寐以求的机会：成为该公司的首席执行官。然而，就在这个关键时刻，金·斯科特发现自己怀有双胞胎，这让她面临了重大的生活和职业决策。经过深思熟虑，金·斯科特最终拒绝了推特的邀请，选择了更加平稳的职业道路，以便在那段时间里更好地照顾自己的家庭。在书中她这样写道：

"我不是说其他怀孕的女性无法胜任 CEO，很多人已经证明这是可能的，我只是说我不行——直到双胞胎 7 岁时，我才感觉自己有能力回到'陡峭的成长轨迹'，并且创立了一家公司。我也不是说幼儿的父母（男人也有孩子）无法创办公司或是无法拥有超级陡峭的成长轨迹，也不是说孩子导致人们选择更为平稳的成长轨迹，更不是说自己不行。我只是想说，我不想这样。"①

金的不情愿并非来自工作本身，而是源于她对于个人生活的保护。对于许多职业人士而言，选择一条能够平衡职业抱负和个人生活的道路，有时比单纯追求职业高峰更为重要。为了保护自己的生活不被"干扰"，他们宁可放弃在职业生涯中的晋升。

第二个是健康成本。如果权力是做领导的 A 面，那么责任和压力就是做领导的 B 面。根据美国创造性领导力中心（The Center for Creative Leadership）的一项调查，领导需要承担很大的工作压力，主要工作压力来源包括时间不够，要去培养和开发下属，建立和维护人际关系，面对他人很高的期待，不安全感，等等（见图 3 - 3）②。当领导

① 斯科特. 绝对坦率：一种新的管理哲学［M］. 崔玉开，崔晓雯，张光磊，译. 北京：中信出版社，2019.

② CAMPBELL M, BALTES J I, MARTIN A, et al. The stress of leadership: a CCL research white paper［R］. Greensboro: Center for Creative Leadership, 2007.

意味着需要经常扮演救火员的角色，需要处理各种紧急事件，人的大脑好像是上紧的发条，会长时间处于紧绷、过劳的状态。除此之外，担任领导必然要做出一系列左右为难的决策，个体会时常身处纠结和自责之中。由于领导这个角色具有极大的不可替代性，很难让他人代劳，久而久之，长期处于压力下会产生不可逆的健康损耗。

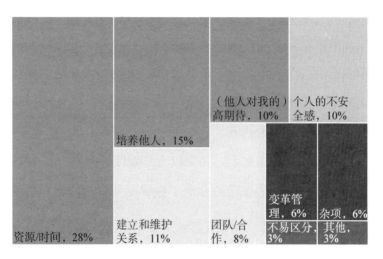

图 3-3   领导的压力来源

如果本身能力就不足，勉强上位后又非常负责任，对自己高标准、严要求，结果会更累。前面说了英国国王爱德华八世为了婚姻退位后，他弟弟乔治六世继承王位。这位新国王自幼性格腼腆且有严重口吃，当毫无准备的他得知自己将要继承王位时十分惶恐，根本没有自信承担这个重大责任。在哥哥的退位典礼上，这位新国王靠在母亲的肩膀上哭晕了过去。乔治六世最怵的还是发表公众讲话，经过好多年的私人教练辅导才渐渐改善，其中的艰难痛苦多得足够拍成一部电影——《国王的演讲》。

第二次世界大战期间，乔治六世履行国王的职责，多次视察民间和军队、发表讲话。虽然达到了鼓舞士气的目的，但他每次所付出的巨大努力，无论是心理上还是身体上的，都值得其被评为劳动模范。英国的电影导演试图描述的是一个国王自强不息、大获成功的励志故事，但这个故事只讲到战争结束。在我看来，这其实是一个悲剧故事。因为乔治六世不得不持续地和自己天性缺陷做斗争，承受巨大压力去扮演一位合格的帝国领导，他在位后期实际上饱受健康问题的困扰，第二次世界大战结束几年后就去世了。那个把王位扔给他的哥哥爱德华八世，反而比他多活了 20 年。

第三个是人际关系成本。领导者天生就肩负着平衡员工和企业利益的艰巨任务，他们肩负着决策、判断的责任，注定无法完全"一碗水端平"，代价就是人际关系受到伤害。当领导者需要介入或者解决各个派别纠纷或者冲突的时候，就可能会触及部分人的利益，引发他们的不满。应对来自下属或者协调下属之间的争吵、抱怨、指责，甚至人身攻击，都是很糟糕的人际关系体验。

如果这种冲突发生在过去的朋友身上，就更为棘手。有些人担心担任领导职务可能会对自己的同事和朋友造成伤害，所以更不愿意在熟悉的组织中担任领导职务[①]。

如果新上任的领导者还想延续过去的朋友习惯，比如共同吃午饭，也不太容易。领导和下属之间存在正式的管理与被管理关系，这种关系超越亲情、友情等非正式关系，因此下属往往会迅速拉开彼此的社交距离，双方也很难再进行平等、真诚的互动。就算一起吃饭，也不能像以前一样一起吐槽公司政策，领导者心里装着的最新内部消息，自己的重要成就也不能随意分享了。下属天然会用有色眼镜看待上级领导，即使领导主动示好也可能被视为"显摆"或者一种管理手腕。原来的情感和信息渠道会断裂，原来的好兄弟、好姐妹，甚至父母子女关系都逐渐疏远。

相处模式发生变化不仅仅会改变行为，也会改变内心的情感。电影《国王的演讲》中有这样一幕：乔治六世当

---

① AUVINEN E, AYCAN Z, TSUPARI H, et al. "No Worries, there is No Error-Free Leadership!": error strain, worries about leadership, and leadership career intentions among non-Leaders [J]. Scandinavian Journal of Work and Organizational Psychology, 2022,7(1):6,1 - 19.

上国王后再一次向女儿张开双臂，本意是要一个拥抱，两个女儿却迟疑了一下，十分礼貌地行了个屈膝礼，而且尊称他为"陛下"。宫廷礼仪超越了亲情，那一刻乔治六世的心肯定是刺痛的。

《红楼梦》中元妃省亲也有一幕类似的场景。虽然贾元春是贾母的亲孙女、贾政的亲闺女，是从贾府走出的凤凰，但是拥有了贵妃身份的她，按照天地君亲师的次序，不仅她的父亲贾政、母亲王夫人等人要给她下跪，连从小将她带大、如今已经非常年迈的老祖母——贾母都得给她下跪。官级永远高于家礼，大家都显得拘谨和疏远。元春泪流满面，一手搀扶奶奶贾母，一手搀扶亲妈王夫人，三个人顿时哭成泪人。一旁围观的人也都默然落泪。登上高位后的贾元春并不快乐，这一章中她六次落泪，曾经的亲人、幼时的玩伴此时都只能远远地看着她。即便"本是同根生"，他们也无法像过去那样进行平等随性的交流了。既不可思议，又那么顺理成章。

那领导者是否容易在过去的同事圈子之外开拓新的朋友圈子呢？一方面，这需要花费时间和精力，领导者通常没有那么多精力去交新朋友。另一方面，一部分靠拢示好的人功利心很重，需要领导者辨别和防备。《领导学季刊》发表的一项研究表明，当某人晋升为领导角色后，过去的朋友倾向于将他视为"领导者",而不再是一个"完整的人",一些下属会利用过去的友谊来谋求私利①。一旦领导者不能动用工作上的权力回报这些人的利益要求,友谊的小船说翻就翻。

因此,领导者的朋友圈子往往比上任之前更难维护和扩展,当领导可能意味着更多地感受到"高处不胜寒",孤独与寒冷变成一种常态。这对那些爱惜自己形象,或者很珍惜现有和谐人际关系的人来说,无疑是一项巨大的成本,领导岗位自然也就没那么有诱惑力了。

还有研究发现,女性当领导者之后,人际关系的处理比新任男性领导者更为复杂,因为和其他人交往的时候,女性角色要求她们热情亲和,而领导角色又要求她们严肃冷静,与下属保持职业距离。这种角色冲突导致她们备感不真诚、别扭和孤独,也会降低她们担任领导的意愿②。如何鼓励和帮助更多女性愿意承担和主动谋求领导岗位,依然是未来的一个重要课题。

---

① UNSWORTH K L, KRAGT D, JOHNSTON-BILLINGS A. Am I a leader or a friend? How leaders deal with pre-existing friendships [J]. The Leadership Quarterly, 2018,29(6):674 – 685.

② ONG W J. Gender-contingent effects of leadership on loneliness [J]. Journal of Applied Psychology, 2022,107(7):1180.

志不在此，没想过

最后一个不情愿的原因是没想过，即做领导不符合一部分人的人生规划。前面说的没资格、没能力和不合算这三个理由，至少说明候选人对做领导多少有些兴趣或者思想准备，才会认真衡量一下自己的能力和损益。对另外一些人而言，他们的人生目标中完全不包含成为领导这一项，他们的拒绝是不假思索的，也是最坚决的。

随着社会的不断发展，思维的解放，大家对成功和幸福的定义变得更加多元化和个性化。一些年轻人的人生目标中不包含成为领导这一项，大家都忙着做自己。健康快乐就是成功。他们不想加班，不想管人，也不要争着坐一号位，这一代人变得越来越"素"，"躺平"这个词越来越流行，升职对年轻人的吸引力大大下降了。

2016 年一份关于中国 80 后和 90 后家族企业继承人的调查报告显示，接近 1/3 的继承人明确表示无意继承家族企业。年轻一代的这一转变往往与父辈的情感支持和经济支持有关。由于他们在经济上不再受到威胁，因此有更多的时间和机会来探索自己的兴趣爱好。他们更愿意追随自己内心的渴望，例如艺术、体育、旅行或其他热爱的领域。

　　社会的组织模式在改变，对各类人才的包容性也在提升。类似外包、零工、远程办公、虚拟组织、去中心化组织这样的新型组织模式在知识密集型行业变得流行。在新冠疫情后，很多科技公司发现，不需要大组织集体办公的模式，组织也可以高效运转。组织和团队规模可以越做越小，每个人的自主性可以愈来愈大。在遵循一定协作规则的前提下，每个人可以自己管自己，而且只管自己。

　　在劳动密集型行业，年轻人也有新的就业选择。随着外卖、快递、网约车、直播等互联网行业的兴起，越来越多的年轻打工者选择离开工厂和工地，转而进入这类新兴业态下更自由的生活性服务行业。诸如网约车司机和直播带货主播这样的灵活就业岗位，给了年轻人很大的自主权，自己想什么时间上下班都行，不用面对上司的呵斥，不用打卡上下班、开早会、交周报。他们做自己的老板，既不被人管，也不需要管人。

　　AI 时代，创业的模式也在改变。过去 30 年，很多高科技行业的创业过程是找到一个好点子后，先去拉一笔投资，然后招一大批人，烧钱做广告，扩大市场份额，提高企业估值，再说服投资人投下一轮，最终把企业做上市或者卖给大企业，赚一大笔。AI 时代，年轻一代的创业模式更为轻盈，他们下苦功打磨产品，对于企业员工人数和外部投资不去刻意追求,因此,他们的成长更为"有机"。

　　未来一部分科技公司的核心团队可能将缩减至由三个关键角色组成:首席执行官(CEO)、首席技术官(CTO)和首席运营官(COO)①　(见图 3 - 4)。这种结构的特点是:

图 3 - 4　未来可能的企业组织形态

　　● 首席执行官:负责所有的创意工作,包括构思、设计、叙述、品牌打造、用户体验与界面设计(UX/UI)、内容创作、创新、解决问题、营销策略以及产品愿景的规划。

　　● 首席技术官:主要利用 AI 驱动的开发平台来处理所有与技术相关的工作。

　　● 首席运营官:负责所有非创意性任务,如数据输

---

　　①　投资实习所. 未来的科技初创公司,只要三个人就够了? [EB/OL]. (2023 - 11 - 14)　[2024 - 1 - 29]. https://m. huxiu. com/article/2298343. html? type=text.

入、排班管理、簿记、客户支持、库存管理、质量保证、合规性、报告制作、招聘及薪资管理等。

在这种模式下，传统的管理岗位和层级将被砍光。企业的日常运营将主要依赖于 AI 和其他数字化工具，而不是传统意义上的人类员工，人类的主要角色将转变为 AI 工具的"黏合剂"和"操作员"。虽然 AI 技术不会取代 CEO、CTO 和 COO 的角色，但它将取代传统科技初创公司或大公司中的大部分员工角色。随着人形机器人技术的发展，AI 还可能承担许多体力劳动。

2023 年很火的 AI 图像初创公司 MidJourney 只有 11 名员工，非核心功能都交给外部共创者（见图 3‑5）。他们拥有 1000 万名社区用户，年收入达到 1 亿美元，从未进行过融资。类似的，2024 年爆火的 Magnific AI 主打付费图像增强，整个公司只有 2 个人，是的，你没看错！2 位创始人既是技术人员又是管理人员，听起来特别像一个草台班子，但是他们自己管自己，敏捷而精干，效率比大厂还高。真正的人才，在 AI 的加持下，单枪匹马可抵千军万马。在这种情况下，领导和员工之间的差异消失了，当不当领导这个问题也就失去了意义，也不能再用管多少人来衡量一个人的价值，这就是时代的进步。

当然，基于 AI 的精简组织模式依然是少数，它取代

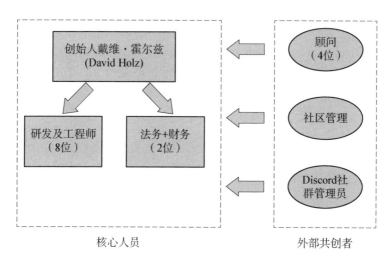

图 3‑5　MidJourney 组织结构图

资料来源:作者根据公开资料整理。

传统组织模式还需要时间,也不是在所有行业都能取代。比如生产制造业、政府和军队,在可以预见的未来,恐怕还是要实行科层制,处于金字塔顶端的领导依然有独特价值。

年轻人价值观念和组织模式的改变都让我们认识到,存在一些志不在此的人。既然候选人这边已经表达不情愿了,组织那边为什么还要勉强呢?

本章思考题

1. 如果你被突然要求担任本组织或者部门最高领导的

角色，你会考虑哪些因素来决定是否接受任命？需要多久考虑？

　　2. 面对领导职位，你最担心的挑战是什么？你准备如何克服或应对这些挑战？

第 4 章

为什么组织要
强扭？

说完了员工为什么抗拒做领导，我们再来看组织为什么要勉强不情愿的领导人上任。影视剧里常有霸道总裁剧情，看到一个不愿意上进的员工，霸道总裁一拍桌子大吼："你明天不用来了！"的确，如果双方相处不顺畅，放弃这段关系是最好的解脱。遗憾的是，生活不是拍电影，现实生活的矛盾复杂性远超电影剧情，组织也很难。清朝的雍正皇帝制作了"为君难"的印玺和匾额，既是感慨又是自勉。很多时候，组织就算知道强扭的瓜不甜，依然还得扭下来。

下面是组织即使知道候选人不情愿，也得努力争取的几个原因。

身份特殊，非他/她莫属

第一种情况是候选人的身份太特殊了，特殊到没别人合格。在这种情况下，候选人的选择范围可能非常有限，没什么好商量的，照既定规则办就是。即使面对不愿意或不适合继承领导职位的候选人，组织为了能正常运转，也只能想办法强扭。

一个典型的场景是封建王朝常见的嫡长子继承皇位制，有时候明明某位候选人不是最佳人选，也只能硬着头皮请其上位。比如 1620 年,明朝的光宗突然离世后,作为长子的朱由校(明熹宗)继位。当时他 16 岁,但认字不多,心智也不太成熟。《剑桥中国明代史》说朱由校"体弱,教育不够,也许在智力上还有缺陷"[①],不是当皇帝的好材料,但他的嫡长子身份决定了皇帝只能由他来做。朱由校当皇帝之后依然喜爱做木工活,废寝忘食,而且手艺颇精。每当他做木工的时候,魏忠贤就奏事,朱由校被打扰很厌烦,就让魏忠贤看着办,于是魏忠贤借机矫诏擅权,一时间权倾朝野。朱由校 23 岁就病逝了,如果没有皇帝这个烦恼的兼职,这位青年木匠也许会更快乐、更长寿。

在现代社会,嫡长子继承的思维有时候还存在。2003 年,山西海鑫钢铁集团创始人李海仓被刺身亡。当时海鑫是中国第二大民营钢铁厂,李家是山西省的首富。被刺的李海仓一门六兄弟,李海仓排行老三,有两个弟弟在公司作为元老和高管工作了多年,熟悉企业经营,而他唯一的儿子李兆会远在澳洲留学,对钢铁制造既没经验,也没多大兴趣。但李兆会的爷爷传统思想根深蒂固,把两位叔叔排除在外,他说:"江山是老三(李海仓)打下来的,老

---

① 牟复礼,崔瑞德,蓝德彰. 剑桥中国明代史 [M]. 北京:中国社会科学出版社,2006:339 - 340.

三不在了，自然该他的儿子上！"短暂的过渡期后，两位叔叔先后退出公司经营，而李兆会这位年轻的掌门人很快发现钢铁行业增长潜力有限，处理钢铁工厂的大小事务又十分枯燥，于是他的主要兴趣转向资本投资，常驻北京，很少过问工厂经营的事，也不去维护各方面关系，公司沦为他做资本市场业务的"提款机"，最终公司于 2014 年破产。如果当初李家依照候选人的经营能力和兴趣，把海鑫的经营权交给李海仓的弟弟们，公司的命运也许会有所不同。

能力出众，不可或缺

第二种组织强扭情况是候选人拥有某方面特别突出的能力或者天赋，突出到没有对手的地步，而这种能力或者天赋对组织极其重要。某些候选人可能在特定领域拥有深厚的知识储备，具备独到的技能和洞察力，或者是巨大的业内知名度，这些都是他们在工作中不可或缺的优势，让潜在的竞争对手黯然失色。这时候组织对他们的需要，大于他们对组织的需要。第一章提到的华盛顿，就是因为战功积累的声望，让他得到了大家的爱戴和推举。

有时候健康也是重要的天赋，尤其在医疗条件不佳的古代。清朝的顺治皇帝选择年仅 8 岁的玄烨（康熙帝）做接班人，是因为传教士汤若望的提醒。汤若望说玄烨得过天花并康复了，有免疫力，他上位可以保证新帝不会因为天花夭折而动摇国本。实际上当时玄烨的哥哥福全在世，但一只眼睛有残疾，且没有出过痘。顺治本人也是因为感染天花病危才需要指定继任人，他知道这个病的厉害，在这种情况下，继任人有天花免疫力这个硬条件就超越了长子继位的优势。

万般无奈，妥协之选

第三种情况是缺乏其他候选人，矮子队里选将军，只能是他。1911 年的武昌起义是一场下级军官和士兵主导的革命，成功有一定的意外性。武昌起义爆发前，黎元洪担任湖北新军的一个协统，算是军界第三号领导。他没有鲜明的个性，不张扬、不激进，对革命党相对宽容。起义爆发后，黎元洪东躲西藏，有传闻他是从床底下被士兵搜出来的。他以为自己要丧命，却发现起义士兵是要推举他做军政府都督。黎元洪最初表现出了恐惧和拒绝，在枪口逼迫下才答应下来，在开会的时候也是愣愣地一言不发。黎元洪就这样糊里糊涂地从一个镇压革命党人的清朝官吏，转身一变成为革命党人这边的首位都督。后来等革命席卷全国，清帝退位，黎元洪先后担任过中华民国副总统和大总统。

士兵和革命党为什么要推举黎元洪这个旧官僚做革命领导呢？一个重要原因是的确没有更合适的候选人了。武昌起义前，革命党的领导核心是刘公、蒋翊武、孙武三人。但孙武在起义前两天制作炸弹时被炸伤，蒋翊武远走避难，刘公滞留汉口。咨议局议长汤化龙没有军队经验。全国性的革命领袖，孙中山在美国，黄兴在香港，宋教仁在上海，一时间赶不过来。在群龙无首的状况下，士兵推举自己熟悉的长官黎元洪做革命领袖也不奇怪。黎元洪在军中比普通士兵或下级军官有更高的知名度和威望，能稳定军心。一些隐匿逃散的军官看到以黎元洪名义签发的安民告示后，纷纷出来，表示愿意归附军政府，足见选择黎元洪做领导是有一些积极效果的。

事发突然，就近选择

第四种情况是紧急情况下的临时补位。在处理紧急情况下的领导空缺时，组织往往面临着需要快速做出决策的压力。例如，如果一位关键领导因疾病、突然伤害或其他突发事件意外离职，可能给组织带来严重的冲击。这种情况下，组织的优先考虑是尽快稳定局势，确保业务的连续性和员工人心稳定。由于时间紧迫，组织不得不选择目前可用的、立即能上任的候选人。他们可能无法对候选人的意愿、成熟度或者能力进行全面和深入的评估，给出的过渡期要么没有，要么很短，这样可能会造成犹豫或者不情愿领导者的出现。

1945 年 4 月，才上任了不到 3 个月的美国副总统杜鲁门被紧急传召到白宫，到达后，罗斯福的遗孀平静地告诉他罗斯福总统刚刚病逝，杜鲁门必须马上继任。杜鲁门大惊之下，问罗斯福夫人有什么事可以为她效劳，罗斯福夫人却反问道："有什么事我们可以为你效劳吗？现在有麻烦的可是你。"① 在美国，副总统一般只是个摆设，很少主导或参与大事件的决策。罗斯福总统和内阁做很多事时也把杜鲁门排除在外，杜鲁门连美国正在秘密研发原子弹都毫不知晓。因为在毫无准备的情况下被迫"营业"，杜鲁门曾告诉记者："（当时）我的感觉就像月亮、星星和所有星球都要坠落到我身上。"杜鲁门上任后仅仅前 5 个月所

---

① ROOSEVELT E, NEAL S, STEINEM G, et al. Eleanor and Harry: the correspondence of Eleanor Roosevelt and Harry S. Truman［M］New York: Scribne, 2002:21－53.

处理的历史著名大事件就包括：联合国成立，德国投降，波茨坦会议召开，对日本投下两颗原子弹，日本投降。面临危机和复杂冲突，他临场发挥得当，变成了兴趣转盛型领导者，不仅安稳地度过了罗斯福总统留下的任期，而且参与 1948 年的大选并取得了胜利。

以和为贵，平息内斗

第五种情况是内部平衡的需要。当组织内部存在多个利益集团或派系时，如果斗争非常激烈，那么无论哪一方当上领导，都容易破坏团结。领导的选拔不仅要兼顾候选人本人的能力，还得考虑组织内部的和谐。此时，推举一位不属于任何强势利益集团但各方都能接受的领导者反而是最优解。此人的主观意愿或者实际能力不是重点，中庸和低调反而变成了一个加分项。

唐高宗李治的两个哥哥李承乾和李泰都很想当皇帝，他们的继承顺序都比李治靠前，却因为争夺继承权斗得太凶，被父亲李世民嫌弃和否决。李世民最后选中性格温和、身体虚弱的幼子李治做太子，正所谓鹬蚌相争，渔翁得利。

放在现代商界，这种情况也很常见。2017 年美国优步公司（Uber）需要寻找下一位 CEO，董事会重点考察的候选人有两位，分别是刚刚卸任通用电气 CEO 的伊梅尔特和惠普公司时任 CEO 的惠特曼女士，两位都是叱咤风云多年的商界大佬。董事会也分为支持创始人和前 CEO 卡兰尼克的保皇派和反对他的倒皇派。经过和伊梅尔特的面谈，倒皇派排除了他，惠特曼女士发现自己处于唯一候选人的优势地位后，抬高了谈判要价，希望能获得更多授权来约束卡兰尼克的影响力，又引起了保皇派的抵触。讨论陷入僵局，董事会成员从周五到周日花了三天的时间面试、谈判、磋商和吵架，已经精疲力竭。为了早点散会回家，周日晚上大家达成一致意见，任命原本排名靠后、知名度低很多的科斯罗萨西来担任优步的 CEO。

　　总的来说，以上这些组织主动邀请的背后都暗示着，组织并未对潜在的领导人更迭和继承进行充分的规划和准备。因此，当变故发生的时候，组织不得不把宝押在某一位的身上，至于当事人情愿还是不情愿，有准备还是没准备，并不是他们关注的重点。他们以为，只要劝劝，没人会不情愿的。

　　劝是必须劝的，不过应该如何劝呢？

本章思考题

1. 组织是否应该向候选人坦陈需要他们上任的原因？

如果他们知道组织的难处，是更容易还是更不容易答应上任？

2. 在紧急或特殊情况下强扭不情愿的领导者，是不是只要对方答应就算成功？如果不是，还有哪些结果需要考虑？

第 5 章

组织如何说服
候选人？

当面对不情愿的候选人时，组织为了达成说服目标，最容易想到的就是直接谈话，"劝"或者"求"他们改变心意。如果不奏效，就要努力尝试其他新办法，比如有针对性地提供帮助或者发动候选人身边的人一起劝说等。本章将讨论六种劝说的方式方法。

讲道理

第一种方法是讲道理，即用客观事实来阐述选择某人的必要性。组织可以通过摆事实讲道理，阐述利害关系，强调"理"。比如，针对候选人觉得自己内向这个顾虑，组织不必质疑对方内向与否这个自我评价，否则只会让对方更不愉快。组织可以一条条地讲道理，讲清楚为什么内向的人做领导反而有优势。具体来说，组织可以指出以下四条理由：内向的人更讲原则，更能坚守初心，而外向的领导为了保住他人的赞赏和恭维，做决定时可能会屈从于这些社会压力；相比那些遇到谁都能滔滔不绝的外向型领导，性格内向的领导嘴更严，员工通常更容易对其产生信任；内向的人说话都会脸红，不擅长自夸，往往只会把注意力和时间集中在工作上，靠产品和服务说话，更踏实；领导代表公司形象，内向的领导更安全，不会因为不当言论而导致公关危机、股价动荡，或者惹上官司①。这些理由，搭配合适的数据和代表性案例，就能减少候选人的担忧，增强他们的自信。

组织引用成功的领导案例也可以增强说服力，如果这个成功案例的主人公是被劝说的候选人非常熟悉或者感到相似的人，效果会更好。比如组织可以说到前任领导人上任时，一样面临着巨大的挑战，而且手中能用的资源更少，却取得了巨大的成功。这位前任领导人的性格、出身、教育程度、毕业院校这些条件都和被劝说的候选人非常相似，甚至当时犹豫的理由都一样。这样一来，被劝说的候选人就会比照先例，再次评估自己的成功概率。如果超出自己预估的成本，就很可能会答应。

讲感情

第二种说服方法是讲感情。这其中包括通过"以心换心"来让候选人转变想法和通过示弱来唤起候选人的责任感。

单纯地讲道理会显得苍白，效果一般，如果组织需要

---

① 赵浩. 内向的人成为好领导的 6 种方法［J］. 哈佛商业评论，2022
（10）：132－136.

表现出足够的诚意和尊敬，强调与候选人的"情分"，那么候选人更有意愿为了组织而转变态度。三国时期，刘备为了请出诸葛亮，三顾茅庐，第三次才堵到诸葛亮，但不巧他当时在午睡。刘备不愿打扰他，硬是在烈日下恭敬地等候多时，才得以相见。在诸葛亮表达不愿意时，刘备以挽救汉王朝的危难和天下苍生福祉的理由进一步劝说，而且不惜哭泣、下跪叩首请求，才最终打动诸葛亮出山担任军师，辅助他成就霸业①。可见，没有前面的诚意，也就没有了后面对话的机会。足够的诚意让候选人感受到了足够的重视，也就制造了进一步劝说的可能性。

还有一种方式是"示弱"。组织代言人不强调担任领导职务的好处，反而强调自己作为现任领导者的缺陷，有时候反而能激发候选人的同情、信心和斗志。

前面说过宋徽宗因为被围困把皇位传位给宋钦宗的故事。历史是有幽默感的，当年灭掉北宋的金国，最后自己亡国的时候，剧情惊人的相似。据《大金国志·义宗皇帝》，1234 年蒙古和南宋合围金国最后一个据点蔡州，金哀宗也不愿意当亡国之君，于是召集百官，传位于手下部将完颜承麟。完颜承麟推辞，金哀宗亲自拿着玉玺给他，

---

① 罗贯中. 三国演义（套装上下册）［M］. 北京：人民文学出版社，1973.

完颜承麟依然跪在地上哭着不愿意接受。

金哀宗讲出来的理由相当真诚，他说：你看我这么胖，不擅长骑马，很难冲出重围，之所以传给你，是因为你身手矫健，而且有将才谋略，希望你能够逃出去，延续金国国祚。领导夸你有才，可能是客气，但双方的体能差距，不用现场比跳绳和立定跳远，大家目测也知道是个客观事实。金哀宗通过示弱，让完颜承麟不忍心再拒绝。完颜承麟为了国家前途，唯有答应，史称金末帝。金哀宗传位后就自杀了，而这位矫健的金末帝也没跑掉，在乱军中被杀了，连一天皇帝都没当满，创下了东亚历史上在位最短皇帝的纪录。

示弱的方式纵然有效，也要谨慎使用，尽量通过相互理解和尊重的沟通，让候选人带着愉快的心情，而不是愧疚、恐惧或者不安的心情上任。

给待遇

第三种方法是给待遇。组织也要认真提出好的待遇，强调"利"。这里的"利"并不单纯地指金钱利益，而是指对于个人短期或长期所能够拥有的一切收获。组织代言人在沟通时，传递信息的方式和时机至关重要。他们应该避免使用过于抽象的语言，而应更多采用具体、实际、可执行的条件进行说服，否则会有"画饼"之嫌。例如，向候选人提供明确的、可量化的回报，包括较高的薪酬和福利待遇、更广阔的晋升机会、极大的自主权等。这些具体信息不仅能提供直观的获得感，还能展现组织的真诚和实际承诺。

有关物质利益的信息可以放在谈判的开始部分，这样对方不必着急回答，有机会在余下的谈话时间里逐步消化和思考。如果放在谈话的最后，会让候选人觉得谈话的实质是金钱收买，容易引起抵触情绪。谈话快结束时，组织可以强调非物质收益，尤其是情感上的收益，如有机会改变世界，被社会认可，受到下属的崇拜，获得更高的话语权，以及更自由地支配时间和精力，等等。这些情感上的收益和物质利益构成了一个吸引人的愿景，有助于减轻候选人的犹豫和不情愿感，促使他们重新考虑自己的选择。

1983 年，乔布斯向当时的百事可乐公司总裁约翰·斯卡利发起了一次直击心灵的挑战："你是想卖一辈子糖水，还是想跟我一起去改变世界？"这句话深深触动了斯卡利，激发了他内心最深处的渴望和志向。于是，斯卡利决定加入苹果公司，成为其 CEO，并在随后的 1984 年帮助苹果打造出大卖的麦金塔电脑。乔布斯的这番话不仅仅是一种说服技巧，更是一种深刻的心理洞察。他巧妙地对比了两种截然不同的职业追求：一边是日复一日地销售着简单的消费产品——糖水，另一边则是参与激动人心的改变世界活动。通过这番话，乔布斯直接触及了斯卡利内心最深层的痛点和渴望，使他重新审视自己的职业生涯和个人价值。

解决顾虑

第四种常见的说服方法是有针对性地提供协助，这比泛泛地讲道理或者许好处更容易打动人。比起快乐和奖金等新获得的好处，人本能地更加关注规避损失带来的痛苦。所以在候选人表达顾虑的时候，组织要耐心倾听，并迅速提供明确的方案，减少对方的损失。很多时候组织自以为是地提出所谓的丰厚条件和美好未来，也重申了上任对组织和团队成员的好处，却没有真正了解候选人担心的具体问题，所以依然不能解开对方的心结。

假设候选人的不安全感主要来自担心无法管理桀骜不驯的下属，组织应给予详细解释说明如何处理团队内的矛盾，并允诺如果新任领导遇到剧烈冲突时，会在不架空领导的前提下及时介入，协助领导解决自己不能处理的麻烦。这样的安排能够安抚候选人，让他们有信心在受保护的前提下履行领导职责。更为重要的是，组织应创造出一个安全的环境，让候选人能够有独立决策权和自己思考的空间，并能够根据他人反馈及时调整自己的领导风格和做事方式。

电影《功夫熊猫》中，当熊猫阿宝得知家乡将面临巨大威胁时，他深知自己肩负着拯救家园的重任，但同时也感到前所未有的恐惧和不安。虽然阿宝梦想成为神龙大侠，但是他一没功夫，二没资源，只是个面店的小小服务员。他担心自己无法担负起这份重任，担心自己的弱小和无知会让他成为团队的拖累。乌龟大师的智慧和鼓励起到了关键作用，针对阿宝担心和恐惧的问题，乌龟大师对症下药，逐个击破。

针对阿宝的"名不正言不顺"，乌龟大师不遗余力地告诉他："没错，你就是命中注定的神龙大侠。"他不仅这样告诉阿宝，还去说服了阿宝的教练浣熊师傅。此外，他组织了一场盛大的仪式，邀请了整个村子的居民，公开宣布阿宝为新任神龙大侠，这不仅给了阿宝极大的心理支持，也让他感受到了来自社区的信任和期待。组织层面给予个人肯定，不仅需要帮助不情愿的个体坚定内心，同样还需要帮助其说服组织内其他人的不认可声音，让个体吃上定心丸。

针对阿宝在能力方面的短板，乌龟大师"扶上马再送一程"。他并没有在将神龙大侠的岗位授予阿宝后就直接离去，而是亲自担任阿宝的导师，不仅传授给他宝贵的武术知识，更在精神上给予他无尽的鼓励和支持。他告诉阿宝，真正的力量并非来自外在，而是源自内心的坚定和信念。在乌龟大师的悉心指导下，阿宝逐渐学会了如何运用内在的力量，如何在面对困难时保持冷静和勇敢。

在不断的锻炼和强化下，阿宝从身体到心灵都能真正地接纳自己的新角色，也为后来以一己之力挽救动物王国做好了铺垫。这个故事中展现了来自上层的支持对于不情愿个体所产生的巨大影响。熊猫阿宝提出来的几点顾虑，分别对应自信心不足、合法性不够、能力不佳等常见不情愿做领导的理由，而乌龟大师都能有针对性地找到化解之道，帮助他克服担忧和恐惧。

在商业环境中，组织有时候需要扮演乌龟大师的角色，竭尽所能调动可用资源，提供候选人急需的扶持和信念，解决他们面临的具体困难和挑战。

间接请求

第五种常见方法是间接请求。如果直接劝说失败，组织可以考虑请出候选人尊重、信任和依靠的上级、老师、同事、朋友或者家人进行说服，从多个角度影响候选人。

组织动用社交网络成功说服的例子是我国著名科学家钱学森。1955 年，钱学森回国，在他的带领下，中国在航天事业、导弹工程和自动化控制技术等领域取得了显著进步，成为世界科技强国之一。钱学森也因此被誉为"中国航天之父"和"火箭之王"，并被授予"两弹一星功勋奖章"。他因为对国家的巨大贡献得到大家的爱戴，因此，1984 年，中国科协推荐他担任下一任主席。按照惯例，这个职位也意味着他接下来会担任全国政协副主席，进入党和国家领导人的行列。

然而，钱学森坚决拒绝。在他看来，自己是一名科研工作者，当领导要处理大大小小的行政事务，将会对他最热爱的科研事业产生影响。由于钱学森决意不当，科协的换届工作被迫推迟了一年。

组织为此请出了当时主管科技工作的政府副总理方毅，钱学森在军内的上司、军委副主席杨尚昆，还有钱学森青年时期的老师邓颖超，轮番前来说服他。在诸多老领导和老师的劝说以及组织绝不会打扰他的科研事务的许诺下，1986 年钱学森才最终答应做一届科协主席①。

---

①   涂元季. 钱学森当选科协主席的"曲折经历"［EB/OL］.（2009 - 11 - 04）［2024 - 1 - 29］. https：//www. fjsen. com/l/2009-11/04/content＿1335000. htm.

古罗马也有类似的故事。公元前 716 年，罗马国王罗慕路斯去世，留下了一个没有明确继承人的王国。罗慕路斯是罗马的创始人和首任国王，他的去世引发了一场关于新王继位的讨论。罗马的元老院和民众都认识到，必须找到一个具有智慧和德行的人来继续领导这个新兴的城邦。他们认为努马·庞皮利乌斯是最佳人选，因为他的智慧、道德和虔诚能为罗马带来和平与稳定。元老院派遣使者前往萨宾，邀请努马担任罗马的第二任国王。

努马对此并不感兴趣，因为他倾向于过隐居的生活，不愿意涉足政治。为了说服努马，他们直接搬来"神"的旨意，进行了鸟的占卜，这在当时被视为神圣的仪式。占卜的结果显示，三位"神"——朱庇特、马尔斯和奎里努斯都同意努马成为国王。

在"神"的劝说下，努马才勉为其难地答应成为罗马国王。事实证明，他的确是一位优秀的国王，为罗马带来了和平与宗教改革的时代，他以建立罗马的宗教制度和法律而著称，为罗马的长治久安奠定了基础。

恐吓

最后一种常见的影响方式是恐吓，也就是真正的强扭。因为恐吓跟说服关系不大，简单粗暴，技术难度不高，这里只作简短陈述。之前举的一个例子提到过，金军威胁屠城，逼着张邦昌做傀儡皇帝，用的就是暴力威胁。黎元洪的例子提到武昌起义之后，革命军士兵缺一个有名望的领导者，用枪逼着他们的长官黎元洪做了军政府都督。暴力威胁别人下台也许有效，暴力威胁别人上台就很别扭了，毕竟上台只是一个步骤，后续想让别人持续干下去得要他们乐意。如果被强扭的候选人并没有真正服气或者想通，未来很可能反悔，比如张邦昌等金军一撤退就宣布下台，还政于赵氏大统了，因此，威逼的效果不稳定，应该尽量避免使用。

案例分享

以下案例系根据当事人真实经历改写，案例涉及公司名和人名为化名。

案例一

背景

我曾在某公司担任分管全国营销的副总，某分公司有一个重点销售团队的经理升职到其他分公司，需要找一位继任者。因为该团队业绩在该分公司所占比重很高，为了让新接任的团队经理能够与团队快速融合，我优先考虑内部晋升。符合司龄长、业务能力成熟、业绩表现好这些标准的候选人仅有邓女士一个人，她是高职级的明星销售。了解她的情况后，我判断可以交由她来接任。

候选人的顾虑

邓女士拒绝了这个领导岗位，她的顾虑有两点：

（1）不划算。作为明星销售，她的收入比经理还要高不少。另外，晋升经理之后，她不能把客户归在自己名下，因此，要把之前自己的客户分给团队成员去跟进，但是前期客户关系主要还是经理在维护，相当于经理送业绩（提成）给手下销售人员，这对新经理来说很难理解和接受。

（2）没想过。邓女士一直做销售，没有更换岗位的打算和准备。她对于管理序列的职业发展没有概念，她对经理的印象是事多钱少，而且发展前景不清晰。

劝说

我在寒暄并询问她的想法之后，正式开始劝说。

（1）讲感情。首先我从个人长期职业发展目标切入，倒推不同发展路径（销售和管理序列）的差异，结合她自身的情况分析管理序列优于销售序列路径的原因。鼓励她应当从个人发展的角度出发，积极跳出既有的舒适区，追求更高的目标和挑战。

（2）给待遇。针对她的收入顾虑，我帮助她明晰组织的层级架构：从长期发展来看，经理的收入将随着管理岗位的晋升而反超明星销售人员。针对"客户下放给员工"这个情况，我决定第一年经理与销售各分 50％的提成，从第二年开始再逐渐转给销售。

（3）讲道理。强调该岗位对于分公司的重要价值，该团队对于分公司所具有的重要战略地位，以及说明公司对她能力的认可。

（4）压力。我告知她机会等于组织的信任，信任一旦失去则很难重建，有被组织遗忘的可能性。建议她好好把握机会，之后也要好好努力，不辜负大家对她的信任与期待。

结果

邓女士主动报名了岗位竞聘，并最终接任团队经理。该团队在邓女士接任后队伍和业绩都保持稳定。但是，邓女士的表现并没有超过前任经理，团队并没有再上新台阶，分公司的经理层级整体能力甚至有所下降。

点评

从邓女士报名和接任的行动来看，说服的短期效果已经达成。从团队长期的发展来看，该候选人上任之后团队业绩稳定住了，是一个大致满意的结果。

案例中的组织代理人主要通过调整待遇和施压来让候选人转变态度，讲感情、讲道理、有针对性的辅助成分不够多。组织在说服不情愿的候选人的过程中要做的不只是推进既有决定，还应当预判候选人在角色转变过程中可能会遇到的困难，听懂候选人的潜台词，在金钱之外的方面也要提供足够的过渡和辅导，比如给候选人安排有经验的导师或副手。

虽然后续团队业绩没有再上新台阶，但该经理可能已经尽力，不宜苛责。在劝说不情愿的候选人上任时可以提供一个"撤回"的机会，即如果本人全力拼搏后依然不情愿，应该允许其退回来做原来的工作，并应对其经济损失给予补偿。组织则可以利用其在任这段缓冲期寻找和培育其他有能力、有意愿的候选人。

（本案例由中欧 EMBA2021 级陈常霖同学提供）

案例二

背景

我曾在一家发展很快的互联网保险公司担任人力资源总监。市场部原负责人因家庭原因离职，公司希望尽快找到继任者。资深高级市场经理赵明成为最合适的继任人选，他有敏锐的市场洞察力和出色的项目执行力，而且在公司服务多年。

候选人的顾虑

赵明的顾虑主要集中在两点：

（1）没想过。他热爱且擅长市场分析和策略制定，担心成为部门负责人后，会减少直接参与市场一线工作的机会。

（2）不合适。他自认为在团队管理和人际协调方面的能力尚待提高，担心无法有效带领团队应对日益复杂的市场挑战。

劝说

了解到其顾虑后，我用如下方式进行劝说：

（1）讲道理。我从公司战略高度出发，阐述了市场部负责人对于推动公司产品创新、品牌塑造以及市场扩张的不可替代的作用。强调了选他的原因是公司迫切需要他的市场洞察力和策略思维。我承诺，他将会拥有更大的平台和资源，将有资格直接参与公司更高级别的决策，并对公司的未来产生更为深远的影响。

（2）讲感情。在谈话中，我表达了对其多年贡献的深深感激，强调这次晋升是对他的辛勤工作和杰出贡献的直接回应。除此之外，我分享了多位公司高层对他的高度评价和信任，以及同事们对他的尊敬和期待，营造出一种强烈的归属感和认同感。

（3）给待遇。为了进一步增强吸引力，组织专门提出
了一套全面的激励方案，包括薪资提升、股权激励，以及
为他量身定制的职业发展计划。这不仅是一次职位的晋
升，更是对其未来职业路径的长期投资，确保他在实现个
人价值的同时，也能享受到公司成长的红利。

（4）解决顾虑：针对赵明对于自身管理和协调能力的
担忧，我承诺公司将为他安排一系列的领导力培训课程，
包括团队管理、冲突解决和战略决策等。同时，我提议设
立一个由经验丰富的导师组成的顾问小组，为他提供指导
和支持。此外，我还建议公司在初期为他设置一名副手，
专门协助他处理日常的行政和团队协调工作，让他有更多
时间逐步适应新角色，确保平稳过渡。

结果

经过几轮诚恳而深入的沟通，赵明的态度逐渐转变，
他开始认真考虑这一提议。最终，赵明被公司展现的诚意
和提供的全方位支持所打动，决定接受这一挑战。

赵明上任后，市场部展现出了前所未有的活力。他不
仅成功整合了团队资源，提高了工作效率，还凭借其敏锐
的市场嗅觉，带领团队完成了一系列创新营销活动，显著
提升了公司产品的市场份额和品牌知名度。在赵明的领导

下，市场部不仅业绩斐然，团队成员的职业技能和士气也有了显著提升。

点评

人才的挖掘与培养需要细腻的心思与周全的考量。面对优秀员工对于晋升的犹豫，组织应当深入理解其个人职业规划和顾虑所在，并有针对性地设计激励方案和成长路径。同时，真诚的情感沟通也是不可或缺的一环，它能够建立起信任的桥梁，让员工感受到自己是公司不可或缺的一部分。

（本案例由中欧 FMBA2020 级 HYSY 同学提供）

案例三

背景

小李是某药企 RX（处方药）事业部的产品经理，主要负责产品管理，但不直接管理团队。因 OTC（非处方药）事业部前任总经理未达成绩效目标被优化，公司吴总希望小李接任，管理约 150 人的销售团队。

候选人的顾虑与领导的劝说

第一轮：

吴总："小李啊，你的工作表现很好，对个人的未来发展有什么期待和想法吗？"

小李："谢谢领导，暂时没有期待，我还是想做好本职工作。"

吴总："OTC 事业部这么多年发展一直不及预期，你认为是什么原因导致的呢？"

小李："抱歉，我一直在其他事业部工作，对于这块业务并不了解。"

吴总："OTC 事业部是公司的战略部门，公司的战略是 RX 和 OTC 两翼齐飞，现在公司的 RX 发展很好，但 OTC 一直没有跟上。你懂产品也懂市场，还做过患者教育工作，能力全面，好学上进。我们经过分析，希望由你来接管 OTC 事业部，这是一次重要的机会，可以证明你的能力。薪资也会按高管制定，有一个大幅提升。你觉得如何？"

小李："换部门、换工作内容对我来说跨度实在太大，感觉很突然。我对现状挺满意的，不想变动。谢谢您的关心。"

第二轮：

吴总："目前 RX 部门大家对你评价很好，但是创新药研发和产品管理需要深厚的专业功底，而你并非医、药学专业出身，进一步发展会受到限制。OTC 部门对专业功底要求宽松些，我看更合适你发展。"

小李："不管在哪个部门，只要我的成绩能被大家看到，我就有成就感。"

吴总："OTC 事业部非常重要，你的成就感只会多不会少。你有什么顾虑吗？可以说出来。"

小李犹豫片刻之后说出了几点顾虑："我感觉我性格沉静内敛，不适合做销售。我还要照顾孩子、照顾家，能力和精力不足。销售似乎更适合男性干。另外，尽管 OTC 部门战略地位较高，但是当前资源、人才均缺乏，巧妇难为无米之炊。最后，从一个大热的部门突然调入一个边缘部门，大家会不会误会我是犯错误被边缘化了？"

第三轮：

吴总："我们观察了你这几年的工作表现。你的特点是亲和力强，能和销售团队打成一片，也能倾听销售的声音，虽然你学的不是医药学专业，但是你懂得用销售团队听得懂的语言做市场推广工作，医生和专家对你的勤奋和谦虚也很欣赏。你有很强的感染力，总能让人在很短的时间内接受你的观点，这不就是做领导最重要的能力吗？工作不分性别，只分能力，而你已充分具备了这个岗位所需的能力。考虑到你要照顾家庭，公司没有硬性的出差安排，出差日程不需要报备，你自己平衡好就行。"

见小李点头，吴总继续说："OTC 部门过去的高管没有一个人能完成公司的目标，现在公司吸取教训，不再从外面聘请高管，希望能够从内部进行提拔。你过去不管销售尚且能和销售团队配合默契，倘若直接上手管理，更能起到一加一大于二的效果。你上任后无论做得好还是不好，公司已有预期，都会接受，也会无条件信任和支持你，人才和预算都会给足，咱们一起把这个部门带起来。其他人也会看到你是被重用，而不是被边缘化了。我们真的需要你，再考虑一下吧！"

在吴总这样诚恳的劝说下，小李同意了这次升职。在小李的领导下，所在部门业绩迅速增长，进入了全国药企 OTC 零售排名前 30 名。

点评

在第一轮，吴总先是讲道理，讲述了 OTC 部门对于公司的重要性；然后讲感情，通过称赞讲出了为何选择小李；最后提加薪是给待遇。但是变动太突然，故小李婉拒。

在第二轮，吴总点出小李的职业短板，希望她走出舒适区，是继续讲道理。当小李依然拒绝的时候，他意识到小李有其他顾虑，所以鼓励她说出来。小李提出了不合适、资源不足、性价比太低的顾虑，需要一一得到解决。

在第三轮，吴总肯定了小李性格当中适合带领销售团队的一面，解决了她对自己能力不够的顾虑；通过灵活的出差安排，照顾到了她履行家庭责任的需求；通过承认公司过去的用人失误，唤起了小李的使命感；通过承诺资源投入，增强了小李的工作信心和荣誉感。这些细致的安排聚合在一起，达到了说服的效果。

（本案例由中欧 EMBA 2021 级 LM 提供）

本章思考题

1. 如果你代表组织去说服一位不情愿的领导者接受职位，你会使用哪些说服技巧？先后顺序如何？

2. 如果你是领导职位的潜在人选，在什么情况下，组织的何种劝说会让你重新考虑你的决定？在什么情况下，组织的劝说反而会增强你的不情愿？

3. 如果你是领导职位的潜在人选，在什么情况下，组织的劝说可能反而增强了你的不情愿？

第 6 章

不情愿的领导者就一定做不好吗？

在说到不情愿的领导者时，一部分人依然会混淆动机和能力，以为不情愿的领导者因为缺乏动机，就一定缺乏领导力，无法成为高效的领导者。一个常见的担心是：既然不情愿，他们在任上会不会尸位素餐、敷衍塞责？严格来讲，意愿和绩效也是有关系的，逻辑是：意愿可以影响态度，态度可以影响努力程度，努力程度可以影响绩效。问题是这个逻辑链条非常长，每一环都存在不确定性，导致最终的因果效应可能非常微弱。不情愿的领导者在任上有优势，也有劣势，最终做得好不好有很大的不确定性。接下来，我列出不情愿的领导者的一些典型优势和劣势，并进一步阐述组织代理人应该如何在更高层面做好领导继任工作，以及如何支持已经就任的不情愿的领导者完成使命。

不情愿的领导者有自己优势

不情愿的领导者一个显著的行为特征是无为而治，很少主动地推进重大变革。领导学研究有一个概念是 laissez-faire leadership，说的就是一种宽松开放的管理风格。有人翻译为"放任型"领导，我不太同意，因为"放任"是个贬义词，暗示着放任某种坏东西随意蔓延而不去治理。

我更倾向于翻译为"无为型"领导，这个词包含"减少管控，允许发生"之意，强调的是一种自然、不干预的管理方式，让事物按照其自然规律发展。东汉时期汉文帝就在无为而治的指导思想下进行统治，成就了历史上著名的"文景之治"。在西方，新公共管理理论中的有限政府观念也与无为而治有着类似的宗旨，将更多的权力交还给市场，让社会尽可能自发地向前发展。

现有的领导学研究对无为型领导的绩效并没有明确的结论。一些研究认为这会限制领导力效果，另一些研究则认为不会影响。无为型领导不一定就是错的，另外他们并不是真的什么都不做，他们会授权和发展下属，制定卸任计划，培养接班人。这些新鲜的风格会给组织带来独特的影响。现实中，有的组织领导属于"前方领导"，类似于领头羊，通过运用职权和个人魅力，站在团队前端，引领方向，常常成为团队的核心和焦点；与之相对的"后方领导"则像牧羊人，他们更倾向于在幕后支持团队，愿意分享权力，为团队成员提供成长的舞台。

不情愿的领导者天然地更少表现出强控制欲或高度集权的行为模式，而会倾向于赋权给下属，给予他们更多的自主权。实质性授权的出现有两种可能：一种是领导者对当领导这件事缺乏兴趣，因此无意于凸显权威来控制下属，反而更愿意给予下属发展、发挥的空间；另一种情况则是他们碍于性格或技能限制，不能担起全部的领导责任，所以不得不分散权力给下属。无论是哪种原因，对于下属，这意味着更多锻炼和成长的机会。下属可能会感激和珍惜，从而表现出更高的忠诚度和敬业度，推动工作目标完成。比如一位被提升为部门经理的资深员工，尽管他/她并不渴望这个职位，但他/她以平等的方式对待所有团队成员，更多的是作为一名合作者而非严格的上司，鼓励团队成员分享创新的想法和解决方案，而不是控制他们，让他们执行他/她自己的想法。这样的团队绩效也可以很好。领导力的一个重要衡量指标就是能否率领团队完成任务。一个高效而且自我驱动的团队，不仅能够帮助组织实现其业绩目标，还能够确保领导者的工作绩效保持在合理的水平范围内。从这个意义上讲，不情愿的领导者也能取得成功。

锻炼下属的另一个好处是可以从中挑选潜在的接班人，卸下自己的担子。不情愿的领导者经常觉得自己只是暂时待在这个位置上，一点都不享受当领导的过程。尽管没人催促他们卸任，但相比于其他类型的领导，他们会更主动地制定卸任或者退休计划。负责任的领导者也会早早开始培养自己的接班人。在培养接班人时，他们往往会考虑到自己在非自愿情况下走马上任的遭遇，从而选择更保险的方式，比如同时培养多个潜在候选人，并根据他们的意愿和能力，制订培养和支持方案，帮助他们开展工作。

不情愿的领导者最初被组织看中的那些能力和资格也会起到正面作用。比如唯一合法性这个身份，可以降低组织内部争斗的概率，维持组织稳定。再如他们的专业知识和特长，能改进组织的产品和服务，提高客户满意度。或者他们被多数派系接受这个特点，也有利于团结，提高组织的威信。这些有利条件，再加上勤奋和创新的团队，就能维持一定的产出水平，从而得到不错的绩效评估。

一个典型例子是乔治·华盛顿。他在被推选为美国总统后，采用了一种松散、中立的方法来处理国家事务，努力平衡不同派系的利益。华盛顿是美国历史上唯一一位没有加入任何政党的总统，他也并未支持任何特定的宗教。他没有深入设计或者干预政府出台政策的细节，而是致力于推广其主要理念和克服偏见。华盛顿尊重国会和各州的独立自主权，极少动用总统的否决权。他利用自己的威望，努力调和各个派系之间的冲突和矛盾。他的外交政策是不插手欧洲事务，提倡与所有国家发展平等的友谊及商业关系，避免建立长期同盟。他的内阁有多名得力干将，比如副总统亚当斯、财政部部长汉密尔顿和国务卿杰斐逊，都因为他的充分授权而在各自的岗位上发挥了应有的作用，各自名垂青史。华盛顿自己的继承计划也很顺畅和稳定，他卸任后，副总统亚当斯当选总统，并沿用了华盛顿内阁的大部分成员和在位时制定的很多政策。

不情愿的领导者不恋权也是一个优势，这意味着他们不易被官衔和荣誉收买，更可能坚守道德底线。黎元洪作为被迫入伙的湖北军政府领袖，在辛亥革命成功后，做过孙中山政府的副总统和袁世凯政府的副总统。袁世凯的儿子娶了黎元洪的女儿，二人结为亲家，但黎元洪私下始终与袁世凯保持着一定的距离。几年后袁世凯任命他为参政院院长，目的是希望他支持自己称帝，黎元洪却说："如果变更国体，我当誓死反对。"黎元洪没有实权反抗袁世凯的称帝野心，但他选择了消极抵制。他在参政院的演讲中声明，此次会议期间，决不涉及参议院立法职权范围外之事。他拒绝出席参议院会议，提出辞去副总统、参政院院长等职，还向袁世凯提出回湖北原籍休养。虽然没有获得袁世凯的批准，但他躲到东厂胡同居住，以示跟袁世凯立场不同。1915 年底，袁世凯公然称帝，袁世凯称帝后的第一道"圣旨"就是册封黎元洪为"武义亲王"以示拉拢，被他委婉拒绝。幸运的是，袁世凯才当了 83 天"皇帝"就在反对浪潮中死了，1916 年 6 月，黎元洪以民国副总统的原职，在东厂胡同宅邸继任就职中华民国大总统，这次他没有推辞，终于得以二造共和。

黎元洪行政能力一般，也没有军队作为支撑，在民国初年复杂的政治斗争中很吃力。但他为人实在，勇于承认自己的错误。1917 年 7 月，张勋复辟，大总统黎元洪逃进东交民巷，行前发表通电，请外地的冯国璋以副总统代行大总统职权。当复辟闹剧平息后，冯国璋请求黎元洪复职，然而黎元洪已经心灰意冷，再加上张勋复辟是由他援引入京，自觉羞愧难当，通电自我弹劾，拒绝复职，让冯国璋继续担任大总统。这是他第三次推让重要领导职务。旧军人出身的黎元洪一旦投身共和，便不再丝毫留恋帝制，一个重要原因是黎元洪为人厚道，对权力没有什么野心，这样的人往往守得住原则，不容易被拉拢腐蚀，朝三暮四。1922 年，黎元洪又被军阀请出来做了一年大总统，他提出"废督裁兵"来解决军阀混战局面，当然得不到军阀的支持。黎元洪病逝后，严复先生曾这样评价他："黎公大德，天下所信，然救国图存，断非如此道德所能有效。"风云变幻的北洋政坛，有这么一位不恋权、有道德、运气好的大总统也是一个奇观。

不情愿的领导者也有劣势

不情愿也不总是能帮到领导者。客观来说，不情愿的领导者也面临着许多挑战和困难。

第一，不情愿的领导者倾向于回避剧烈变革或发表强势观点。在吃不准的情况下，他们可能会维持现状，而不愿意冒险尝试新的方法或创新。同时，由于不强势，在员工需要资源时，他们也很难为下属争取资源或者为其不遗余力地撑腰。这种消极态度可能会影响团队的竞争力和满意度。

第二，不情愿的领导者对于自己的观点不够坚持，遇到不顺或者反对意见，他们最自然的反抗是辞职或者撂挑子，而不是积极解决眼前的问题。人走政息，领导者辞职会让自己这一派原来坚持的主张和政策终结，浪费同事和下属的心血。对特别关键的主张，领导者需要沉住气坚持斗争，就算想辞职也要等到危机缓解或者任期结束的时候。

第三个可能的问题跟授权有关。授权型的领导者意味着领导者很少给予明确指令和果断裁决，这会导致团队目标模糊，下属产生意见分歧，妨碍和谐与稳定。如果不加以额外防范，领导者容易被个别下属架空，导致大权旁落。

第四，授权的效果也取决于下属是否有好的能力和品德接过担子。在某些组织，不情愿的领导者在短期内不一定能找到德才兼备的下属辅助。如果领导者不能及时补充数量够、质量高的人才，自己又不愿意在一线以一当十，组织绩效就会受到影响。

第五，不情愿的领导者会持续感受到精神压力。领导者的压力通常源于角色冲突，即他们在内心并不真正认可自己的领导角色，但在现实中又不得不扮演这个角色。比如一位技术大牛出身的领导者对技术充满热情，喜欢琢磨技术细节，而升任组织行政领导之后，他必须更多地关注公司的财务绩效和维护客户关系。如果基于角色要求，他不得不砍掉迟迟看不到效益的研发项目，或者不得不牺牲做科研的时间频繁参与各种接待工作，他的内心就会陷入煎熬和痛苦，行为上会出现犹豫和反复，身体上感觉极度疲惫。不情愿同时又有强烈责任心的领导者可能会产生睡眠障碍、焦虑、抑郁或其他心理健康问题。

严格来讲，压力大算个人苦恼，不算是工作缺点，但是领导角色的重要功能之一就是带领和影响追随者。面临危机的时候，追随者会期待领导者果断、干脆、有担当，如果领导者表现出来的是犹豫、反复和自责，就容易让团队成员失去工作信心。

还是拿华盛顿总统举例，他的领导风格也带来了上面所说的部分问题。一个问题是下属冲突。他手下的两员大将——财政部部长汉密尔顿和国务卿杰斐逊分别代表当时占统治地位的美国资产阶级和种植园主阶级，他们之间经常产生冲突，互相指责对方越权。而华盛顿充分授权、极少插手具体事务的温和领导风格，在协调两位个性十足、桀骜不驯下属的时候效果微弱。冲突持续了多年，1793年愤愤不平的杰斐逊向华盛顿递交了辞呈，汉密尔顿因为树敌过多，1795年也递交了辞呈。另外，华盛顿在任上精神压力很大，一直为自己的领导才能不佳而焦虑和自责，并不停地道歉。在他自己离职告别演说稿的结尾，华盛顿请求美国人民原谅他在为国服务期间可能有过的任何失误，并向人民坦言，这些失误完全是由他的弱点造成的，绝不是故意的。

虽然华盛顿自己觉得工作没做好，人民却夸他干得不错。在历史学家的排名和公共观点调查中，华盛顿常常被认为是历任美国总统中最伟大的总统之一。华盛顿带领他的团队奠定了美国的行政体系和政治惯例，影响深远。这说明即使是任前不情愿、任上很纠结的领导者，也可以交出令人满意的答卷。

组织还是要有所为

虽说不情愿的领导者也可能被说服上任，虽说他们也可以在任上表现不错，但是出现不情愿的领导者这个现象本身依然是一个值得组织警惕和防范的信号。在传统组织中，升职和加薪是组织最好掌控、最快见效的两个员工激励手段，因此也最常用。如果升职这个手段大面积失灵，组织对员工的激励和控制能力会大大降低。而其他激励手段，比如员工的工作成就感、使命感、学习和成长的体验，大多也和升职有着紧密联系。比如，担任领导能让员工成就更大事业，得到成就感，而学习新技能之后，如果能应用到工作中，在升职后帮助员工完成更高层次的工作，也是他们成长体验的一部分。因此，如果有人，尤其是多个人对组织的高层领导者岗位不感兴趣，而组织完全没有预料到，也没有备选方案，最大的可能是组织这架机器出故障了，需要修理。

哪怕不情愿的领导者经过劝说已经上任了，组织暂时度过了危机，依然要进行自我检讨和制度完善。组织应当意识到，在整个流程中，组织始终在"见招拆招"地被动应战。作为组织来说，回溯整个流程，剖析组织导致不情愿的领导者产生并且上任后依旧不情愿的因素是非常重要的。一旦出现多个候选人表示不情愿担任领导职务，就像人出现心梗休克前兆，即使大难不死，也得手术、服药和改变生活习惯。

组织可以做什么呢？我建议考虑如下几个方面：

第一，重新制定继任计划，避免再次产生不情愿的领导者。企业经营状况正常的时候，人们普遍回避谈及高层管理者可能出现的意外伤害、衰老、疾病、丑闻、逼宫之类的情况，也不愿意直面任何领导者都会退位或离世这个事实。这种回避不仅源于对谈论死亡和失败的忌讳，更深层次的原因是领导人更迭会引发组织内权力和财富的再分配。更迭，哪怕是对于更迭的想象，也会引发动荡局面，这是组织想回避这个话题的动机。现任领导者也不会有强烈动机去推动设立自己的继任者，因为指定继任者会让他们担心自己因此丧失了不可替代性和重要性，随时可以被解雇，失去了跟组织讨价还价的筹码。

但是既然无法避免，与其在出现重大问题之后才手忙脚乱地寻找继承者，组织不如提前谋划。这种谋划不仅要考察候选人的资格、能力、人品，候选人的意愿也应纳入考量范围。考察不只是观察，与被考察者本人、其下属、同事、上司、客户都应该访谈，从多个视角全面客观地了解被考察者。全面的考察一定会惊动被考察者，如果引发其沾沾自喜、跃跃欲试或者惊慌失措的反应也很正常，这是继任工作制度化必须付出的代价，情绪波动或者震荡的逐步释放总好过突然爆发。组织需注意和干预的是候选人过于急切或者过于抗拒这两种极端情绪。通过把候选人放在一个考察名单中，经过数年时间的考察，逐步缩短这个名单，可以管控候选人的心理预期，避免出现落选后因为震惊而强烈报复，或者当选后因为震惊而强烈拒绝这两种极端后果。

历史上继任工作做得不好的一个例子是清朝的九子夺嫡事件，不过出现的是"抢"而不是"推"。前面例子说的那位因为有天花免疫力而"插队"接班的康熙皇帝，没有辜负他爹的希望，果然很健康、很长寿，在位 61 年，巩固了清朝的中央集权。但他在接班人问题上多次反复，没有做好继任者的期望管控，引发多位皇子和满朝官员卷入激烈内斗。康熙当时存活下来的儿子有 24 个，其中有 9 个参与了皇位的争夺，他们大致上分为 5 个党派：大千岁党、太子党、三爷党、四爷党和八爷党。康熙帝既强势，又多疑，而且还健康，等他退位遥遥无期。太子胤礽暗地里开始培养自己的势力，最终惹怒了康熙帝，两立两废之后，遭囚禁至死。接下来八爷胤禩和四爷胤禛两派势力明争暗斗，八爷党的势力一度风头大盛而遭到康熙出手修理。最终康熙帝以诏书方式传位于皇四子胤禛，即后来的雍正帝，但诏书的真伪一直有争议。雍正继位后监禁、流放或者处死了多位兄弟。

由此可见，在领导者的继任问题上，越是掩盖、沉默或者多变，越看起来存在阴谋和不公正，就越容易引发混乱。继任计划不但要有，而且一定要做成"阳谋"，可以见光，公正性可以经得住第三方的审视。为防止再出现兄弟间争夺皇位的惨剧，雍正开创秘密建储制度，拟定好的书面计划放到乾清宫正殿正大光明匾额后；将来天子驾崩之时，众大臣取出，依此宣布继承人。这一招等于告诉大家：我有安排，暂时不告诉你们，自己觉得希望大的别着急，自己觉得没希望的也别灰心，各位大臣也别逼我立储和站队钻营。清朝通过秘密建储制产生了四位皇帝，雍正帝传乾隆帝，乾隆帝传嘉庆帝，嘉庆帝传道光帝，道光帝传咸丰帝，没再出过"抢"或者"推"这样的突发情况。虽然只能算初级阶段的阳谋，但已经比以前大大进步了。

京东公司的阳谋称为 backup（即备份）原则①，做得更为成熟。他们规定，所有总监级及以上管理者入职一年期满时，必须从价值观、业绩、能力和潜力角度找到经过

---

① 搜狐新闻. 京东十四条铁律：管理 13 万员工的秘诀［EB/OL］.（2017 - 9 - 23）［2024 - 1 - 29］. https：//www. sohu. com/a/194131675_99907693.

公司人力资源部、本级主管和更高一级主管两级确认的、至少在三年内可以继任其岗位的候选人。若未达到要求，公司在第二年将不给予该管理者晋升、加薪、股票授予和其他任何附加资源投入，比如承接新业务等，如果在该管理岗位满两年仍然没有继任者，则该管理者必须离职。这意味着组织把找继任者的责任压到现任高管身上，找不找得到，培不培养得出来，同现任高管的利益分配挂钩，以此激励现任管理者培养团队内有潜力的领导者。继任者信息提前分享给多个部门，大家心中有数，可以极大地降低公司在继任方面的风险，减轻高级管理人员变动时带来的冲击，确保业务的连续性和稳定性。这种备份计划适用于每一位高管，透明而公平，不神秘，增强了组织的灵活性和韧性，为未来领导层的建设提供了坚实的基础，从而在长期和战略层面上支持了组织的可持续发展。

　　第二，组织需要反思是否准备了充足的资源并合理配置了这些资源，来辅助不情愿的领导者。资源不能解决全部问题，但能解除候选人相当大一部分的顾虑。比如候选人如果是因为要亲自陪伴家庭成员而抵触出任领导职务，组织就不好解决。但如果候选人担忧的是家里老人或者幼儿的看护问题，组织可以提供补贴和人手帮助看护，甚至做到派专人在公司现场看护。

　　资源总量足够也不代表万事大吉，组织还要调配得当，才能给候选人最大的支持。一个典型的宝贵资源是人力资源，一个考虑周到的组织可以为领导者调配充足和高质量的人手，分担不情愿的领导者最头疼的工作，让他们卸下思想包袱，轻装上任。我在《哈佛商业评论》上发表的文章曾经建议，组织应该为内向的领导者搭配外向的副手，来协助他/她处理不擅长的和人打交道的事务，让他/她可以把更多精力集中在得心应手的领域，比如技术创新、应用开发或者战略规划上。在一些世界闻名的企业家例子中，有不少内向型和外向型互补的搭档。比如脸书的CEO扎克伯格内向，和他搭档的前COO桑德伯格外向，前者精于分析、规划发展，后者擅长管理、营销和公关。

　　在日常分工方面，如果不情愿的领导者的主要顾虑是社恐，组织可以安排他们多参与让他们感觉轻松的工作。因为内向的人在和更少的人交流时会感觉比较舒适，组织可以安排内向型领导者更多参加小型会议和一对一面谈，避免让他们感到不适。对于一些不涉及关键问题、较为轻松随意的对话，也可以考虑跳出办公室环境，将对话安排在室外、咖啡厅或其他让人感到放松的场所。组织还可以鼓励内向型领导者充分利用碎片时间与内部员工进行简短沟通，例如乘电梯偶遇、走廊擦肩而过等场景，内向型领导者都可以在短短几秒时间内对员工近期的表现略加点评，保证信息传递到位。组织也可以鼓励内向型领导者写文章表达自己的想法，包括给企业内刊撰文，给行业周刊投稿，在公众平台发表能反映自己思想的评论文章或者书籍读后感。而外向型的搭档可以更多出席大型会议、公开演讲和接待陌生访客，作为必要的补充。

对于新产品发布会这样一些非常重要的、领导者不得不讲话的社交场合，组织需要精心策划，让内向型领导者用更少次数的高质量社交，实现外向型领导者通过更多次社交才能达成的传播效果。在此类社交活动前几周，为了防止领导者的情绪被提前耗尽，组织应该尽量不安排他们参加其他社交活动，让其养精蓄锐。组织还可以提前为领导者收集场地情况和听众需求，安排多次试讲和彩排问答环节，穿插团队成员发言，这些都可以增加领导者的自信。

除了性格互补，组织也需要考虑给新领导者搭配业务能力互补或者资历互补的人。组织代理人（有时候就是前任领导）需要洞悉各方心理，才能设计出有针对性的剧本，辅助后面的领导者接班。比如唐高宗李治因为两位哥哥内斗而被父亲选中，坐上了皇帝的位子，这个菜鸟应该是意外的，能否坐得牢这个位子，他也没底。好在他政治经验丰富的老爸有安排，不仅配备了有军队背景的人才，而且还给他想好了如何团结这位将领，获得他死心塌地的忠诚。

据《旧唐书·卷六十七·列传第十七》记载，李世民晚年交代李治："李勣（又叫徐世勣、字茂功）重视恩义，你无恩于他，恐怕日后他无法尽心辅佐你。我打算先将他外放，等你登基后，你再将他召回，任命他做仆射，如此一来，你就有恩于他，他就会誓死效忠于你。"于是，李世民唱白脸，死前先将李勣贬为叠州（今甘肃迭部）都督；李治即位后唱红脸，恢复了他的职位，历任尚书左仆射、司空。李勣知恩图报，辅佐李治站稳了脚跟。

第三，组织应该检讨对领导者的期待是否太高，如果的确太高就需要做出调整。不情愿的领导者面临的往往是危机、不确定性和不足的资源，他们答应下来的时候已经对工作的难度和需要投入的时间和精力有所预判。但是如果上任后，他们发现组织定下的目标太高，时间太紧，自己又缺乏充足的经验和自信，面对看似遥不可及的目标，很快就会放弃努力，进入摆烂状态。组织对不情愿的领导者应该在最开始设立容易达成的目标，及时庆祝他们达到目标的成就，让他们逐步提高自信和工作热情。

这种逐步增加难度的方法也会改变其他人对新任领导

者的看法，毕竟哪怕是小的成功，也能增强领导团队的凝聚力和对新任领导者的尊重，帮助他们树立威信，在组织内部营造出一种积极向上的氛围，然后领导者可以逐渐承担更多的责任和挑战。比如，一家科技公司的新任 CEO 之前是一名技术总监，因为出色的技术背景而被邀请出任 CEO，他很担心自己缺乏领导整个公司的经验。在他上任初期，董事会不应该立即要求他处理公司最复杂的战略问题，而应先让他负责领导几个他熟悉的关键内部项目，这些项目重要但风险相对较低。随着项目的成功，他不仅增强了自信心，也赢得了团队成员的尊重和信任。公司其他高级领导也开始更多地依赖他的判断和领导。这位 CEO 接下来可以开始承担更多的责任，如领导更大规模的项目，管理更多的预算，并参与公司的长期战略规划。每一个成功的步骤都为他赢得更多的威信和权威，同时也帮助公司构建一个更加健康和富有成效的工作环境。

　　上面说的是 CEO 的工作范围逐步扩大，职责重要性逐步提高。即使是同一项工作指标，比如公司全年销售目标，也可以调整难度。目标既不应过高，也不应过于简单，以免领导感到无趣或被低估。目标难度应该设为多高才算合适呢？虽然每个组织的业务不同，所处周期也不同，不能给出一致的标准，但可以打一个比方。根据 2020

年国家卫健委公布的数据，中国 18～44 岁男性平均身高约为 1.7 米，那么我们可以估算，这个身高的人站立踮脚伸手可达 2.1 米的高度。那么针对原本不情愿也缺乏经验和天赋的新任领导者，加上助跑起跳，初始目标定到 2.6 米就可以，他们不太费劲就能摸到，达到后再逐步调高。成年男子篮球的篮筐高度是 3.05 米，如果一上场就定下这样高的目标甚至指望他们跳得更高去扣篮，他们很可能会叹口气走开。

第四，组织应该反思领导人才培养方案是否出了问题。很多知名国际公司有比较成熟的未来领袖人才培养方案，可以识别高潜力人才，而且专门开辟了一个快速通道培养他们，以保证未来有源源不断的符合组织期待的领袖人才供组织挑选。虽然候选人不情愿上任不罕见，如果公司遇到不情愿的领导者却完全没有备选方案，很可能说明领袖人才培养渠道缺失或者不健全。

这些人才培养计划是保证组织能够平稳度过风浪的"定海神针"，能够最大限度地避免出现危机时无人可用或者继任者不情愿的情况，能够帮助组织快速高效地交接接力棒。

各个公司的培养计划名称不一样。有些使用的是管理培训生计划（management trainee programs），通常针对新毕业生或初入职场的人才，旨在培养未来的管理者和领导者。宝洁的管培生计划被认为是最好的之一，它重视从管培生中培养未来的领导者，许多高级管理人员都是从管培生起步的。有的公司设立的高潜力计划（high-potential programs）专注于识别和培养公司内部具有高潜力的现有员工。例如谷歌的领导力学院就是专门为内部高潜力员工设计的。还有些公司的领导力发展计划（leadership development programs）更加注重于提供领导力培训和发展机会，像通用电气就是一个著名的例子，它提供跨部门的工作经验和专业的领导力培训。尽管这些计划的名称不同，但它们经常使用一些类似的培养方法，比如现任领导者亲自授课，外部专家培训，多部门轮岗，追随高管一整天的工作，模拟决策，和内部导师定期的一对一沟通，跨部门合作，等等。

这个培养体系有两个重要意义：一方面，可以提高参加者的业务能力和领导能力；另一方面，参加培养计划的人才对未来职业生涯建立了相应的预期，也大致了解达到各个层级职务需要的资格（如前一职务的任职年限、轮岗要求）和职责内容，他们持续的参与表示对未来担任领导职务有心理准备，因此不太可能临场拒绝。设计这种制度时要注意及时提供有挑战性的工作让有潜力的候选人脱颖而出，大胆使用七八分成熟的好苗子，避免候选人的领导兴趣在漫长的培训、轮岗、等待中逐渐消耗殆尽。

公司可以改变组织治理结构，使用联席领导制或者轮值领导制（见图6-1），把对领导者的扶持延续到他们上任之后，也就是所谓"扶上马再送一程"。联席领导制度是指两位或多位领导共同领导一个公司的管理模式，这里的领导可以是CEO或者董事长。奈飞、拼多多、中国平安等公司都实行过联席CEO制度或者正在实行中。这种分享领导权力的制度很少是永久安排，比如美团、甲骨文、德意志银行、SAP都在实施一段时间之后回归了单一CEO制度。这种制度大多用来发挥不同CEO的独特技能和专长，或者两家公司合并之后安置两位前任CEO，但这种制度也可以用来对新任领导者进行支持，比如由资深的CEO带一名资浅的CEO作为过渡。

图6-1　联席领导制（左）和轮值领导制（右）

新希望集团创始人刘永好在 2013 年把旗下的新希望六和公司董事长职位交给女儿刘畅，同时安排了六和公司前 CEO 陈春花任联席董事长兼 CEO，为期 3 年，辅佐刘畅[①]。碧桂园的杨惠妍亦是如此。在父亲杨国强的倾力栽培下，杨惠妍成长非常快。2005 年，25 岁的杨惠妍刚毕业即加入碧桂园，2006 年被委任为执行董事。2012 年 3 月，她升任碧桂园董事会副主席，2018 年与父亲并列为联席主席，杨国强对她进行了长达 5 年的在岗言传身教。碧桂园的联席主席制随着杨国强辞任而在 2023 年终止，杨惠妍独立出任碧桂园集团董事会主席[②]。

联席领导制一般只是短期安排的原因是这种制度分工结构不清晰，多位领导的职责之间会有重叠或者遗漏，长期运作下来容易引发冲突和扯皮。轮值领导制则克服了这个缺点，依据时间段分工，在某个时间段内由当值的领导负总责，避免了潜在的冲突。华为是实行轮值领导制比较久的组织，创始人任正非最开始设计的是 CEO 轮值，目前是董事长轮值，每一位的轮值期为 6 个月。公司章程规

---

① 姚冬琴. 新希望的"新希望"：刘畅接班　陈春花护航 [EB/OL]. (2013 - 5 - 28) [2024 - 1 - 29]. http：//finance. people. com. cn/stock/n/2013/0528/c222942-21640558. html.

② 碧桂园. 杨惠妍接任碧桂园董事会主席，杨国强继续担任顾问 [EB/OL]. (2023 - 03 - 01) [2024 - 01 - 29]. https：//www. bgy. com. cn/news/data？typeid＝54&newsid＝9090.

定，公司董事会及董事会常务委员会由轮值董事长主持，轮值董事长在当值期间是公司最高领导。华为在 2023 年有 3 位轮值董事长，包括任正非的女儿孟晚舟。轮值领导制作为常设决策制度，也存在朝令夕改的风险，其稳定性和一致性仍然需要强势人物在幕后支持。轮值领导制自然也可以用来历练和培养未来的公司领导者，哪怕是不情愿的候选人，如果只需要任职 6 个月，很可能愿意试一试，在体验到工作内容和责任之后，他们可能因为兴趣转盛或者自信心增强而改变主意。

第五，组织还要反思当下的领导岗位是否非常危险，如果宝座之下埋有即将爆炸的炸弹，应该在拆掉引线之后再交班。这个炸弹可能是即将爆发的财务丑闻、破产、裁员、罢工、政府重大调查和问责等。如果有经验的现任领导出于逃跑的目的，想随便找个"背锅侠"，没有经验和思想准备的员工都会陷入惊恐，也没人愿意接手，组织会因此陷入一片混乱。前面举的宋徽宗的例子，就是选择在组织最危急的时候传位，自然不容易，也不厚道，加速了北宋的崩溃。现任领导人此时应当勇于承担职责，至少要想办法让局势稳定之后，再考虑退位的事情。

这种情况类似于遭遇海上风暴的船长，有义务不抛下乘客、水手和船只自己逃生。当泰坦尼克号巨轮撞上冰山时，船长爱德华·约翰·史密斯也许因为未能避开冰山有错，但他后来帮助了数百名乘客逃生。他坚持让妇孺率先疏散，自己却待在驾驶舱附近，和轮船一同沉没，此举赢得了赞誉。2009 年，别名"萨利"的机长切斯利·萨伦伯格驾驶的全美航空 1549 号班机被鸟撞击后双发动机失效，他成功将飞机迫降在纽约市附近的哈德逊河上。等所有乘客撤离飞机后，萨利机长在客舱内来回巡视两次以确保乘客已全部疏散，回到驾驶舱拿上自己的大衣和飞机维修记录本，最后一个撤离飞机。他精湛的专业技能和勇敢沉着的领导风格受到广泛赞誉，美国前总统布什、美国时任总统奥巴马先后打电话感谢他。他在事故后撰写的回忆录《最高职责》登上了《纽约时报》畅销书榜，他的故事在 2015 年被改编成名为《萨利机长》的电影。假如机长在发现发动机失灵的时候选择跳伞，把驾驶职责扔给下属，或者在着陆后第一个撤离，即使没有发生伤亡，也会一辈子受到良心的谴责。

　　领导人继任决策可能一两天就能定下来，但交接的时机把握、交接之后的帮扶和组织自身的变革很漫长，很艰难，也很考验双方的能力、信念和勇气。

本章思考题

1. 不情愿的领导者更多地采用无为而治的领导风格，这种风格的优势和劣势是什么？

2. 组织应该如何改善自身，防止不情愿的领导者这个问题反复出现？

3. 联席领导制和轮值领导制作为培养未来领导者的方法，哪种更好？它的好处有什么假设前提？

第 7 章

伪装的不情愿？

　　围绕不情愿这个话题，还有一种有意思的情况需要单独强调，即不情愿也有可能是伪装的（见图 7-1）。伪装不情愿这个现象在中国传统文化情景中比较常见。这种伪装不一定是蓄意的，也许是出于礼貌，也许是大环境下的一种自我保护机制，但即使如此，也会给组织和候选人本人带来很多麻烦。

图 7-1　伪装的抗拒

文化与不情愿的领导

　　国家文化跟"不情愿"的领导有千丝万缕的联系。文化是一种普遍而共享的信仰、价值观和准则,它深植于我们内心,悄然引导着我们的决策。人们的每种思考模式、每个决策,都离不开文化的影响。中国儒家学说拥有悠久的历史和源远流长的传统,是中华民族文化的重要组成部分,在中华民族文化的形成过程中占据着至关重要的地位。文化会在社会上产生广泛的影响和传承,管理者和员工的态度与行为实际上反映了文化对于每个人社会角色的期待。

　　儒家文化在做领导这个问题上,有彼此冲突的两种行为规范。一方面,儒家文化认为人应该积极参与社会,即所谓"入世",鼓励有学识的人做领导,积极建设一个理想社会。孔子本人在鲁国曾以大司寇的官职暂摄相事,说明他并不抗拒做领导。他晚年带领弟子周游列国,也是为了推销自己的治国思想,希望得到其他国君的重用。关于学习与做官的关系,最好的诠释是《论语·子张》中的"仕而优则学,学而优则仕"[①] 这句话,意思是一个人做官有余力,就可以去学习治国安邦的理论知识;一个人在学

---

① 孔丘.论语[M].陈典,译注.南昌:江西人民出版社,2016.

习理论知识之余还有精力，就可以去做官从政，去实践书本中的道理。在理想情况下，读书人与官员的身份可以在自我认识中自由转换。无论是学习理论还是亲自实践，都要求在认知中把自己当成管事的领导。没有进入官场的书生，固然要学习历史上的治国方略，提前谋划如何治理天下；即使像范仲淹这样已经被贬的官员，也要"处江湖之远，则忧其君"，继续代入领导者的视角。在古代中国，当领导也能得到很多利益，哪怕中举只是当官的前奏，也会带来地位、金钱、名誉等好处，比如范进中举前后，周围人对他的态度就有巨大的变化。无论是出于报效国家的远大理想，还是封妻荫子的实质好处，科举制度的兴盛，说明古代中国的知识分子是很乐意做领导的，甚至孜孜不倦地追求做领导。多年寒窗，就是为有朝一日得到一个进入官员队伍的机会。从这个角度来说，一旦梦寐以求的机会来敲门，多数人应该会动心。

但是另一方面，儒家文化又给普通人站出来做领导设定了很多约束条件。儒家文化强调君臣、父子这样的尊卑等级、长幼秩序，同时又将君臣关系放在父子关系之上。钱穆认为，中国社会是"安而不强、足而不富"，西方社会则是"强而不安、富而不足"。中国人求安求足，但不求强不求富。于是出现了儒家思想的中庸与和谐观念。谦虚，在社交场合检讨自己的不足，在中国社会被视为一种重要的社交技巧和社会适应策略，是根植于中国人心中的民族性格。适度的自谦不仅是对自己能力有清醒认识的表现，也有助于维持和谐的人际关系，最终促进个人的社会成功和自我实现。此外，不展露野心和锋芒，不唱高调吸引他人的注意力，都是中庸思维的运用。

"谦"和"让"在逻辑上是统一的，既然我不配，就应该把稀缺资源让给更配的其他人。中国式组织为了家族或者集体和谐，不鼓励成员互相"抢"利益，而推崇"让"。孔融让梨的故事流传数千年，传达的就是"礼让"的价值观。因此，官职或者权力这个资源，也是不能明抢的。家长给你的，你可以接受，但最好也要谦让和推脱一番之后再接受。因此，古代中国经常出现礼貌型的不情愿领导者。

比如，在古代，"三辞三让"的礼节是一种普遍的礼仪。即便某人内心渴望获得高位或权力，他们也会表现出谦卑和推辞，等待别人多次的请求和推荐。三辞三让制度的具体形成时间没有明确的说法，据说起源于尧舜禹时代的禅让制。所谓"三辞三让"，最初是指主、宾相见的一种礼节，即主人三揖，宾客三让。后指《论语·泰伯》记载的周泰伯让位于三弟季历的故事，后人称颂此举为盛德。从汉代开始，"三辞三让"演变成为开国帝王登基时的一种必备仪式，此后几乎历史上每位皇帝登基前都走过这个流程。

《史记·高祖本纪》记载了刘邦称帝的过程①。刘邦击败项羽后，手下大将和臣子都劝汉王刘邦称"皇帝"。刘邦却说：我听说皇帝这种尊号，是极其贤能的人才能享有的，我可承担不了。群臣说：您从一个小老百姓的身份起兵，荡平四海，给有功的人分赏了土地，还封王封侯，如果您不称帝，您的封赏就没有信用，你不这么办我们就不活了。刘邦辞让再三，最后说：既然你们都认为这样才对，为了国家的便利，我就依了你们吧。

退让皇位最精彩的是三国时期汉献帝将皇位禅让给魏王曹丕之事。据《三国志·献帝传》记载，这个推让足足有15次之多。220年正月，魏王曹操病死。曹丕继承魏王爵位后，接管了父亲曹操手中的一切军政权力，但汉献帝依然健在。为了让曹丕"名正言顺"地当上皇帝，大家开始劝进。臣子上书说：魏王你上任之后的祥瑞简直不胜枚举，黄龙、凤凰、麒麟、白虎、甘露、醴泉、奇兽，无奇不有，是自古以来最美好的。谁知曹丕推辞说：当年周

---

① 司马迁. 史记 [M]. 陈曦，王珏，王晓东，等，译. 北京：中华书局，2022.

文王已占有天下的三分之二,还向商朝称臣,得到了孔子的赞叹,周公实际上已经行使了君主的职权,完成使命后还是归还给成王,我的德行远远不如这两位圣人,这些溢美之词,我怎么敢听呢? 这些话使我心里害怕,手发抖,字都写不成,意思表达不清,我要辅佐汉室治理天下,功成后交还政权,辞职还乡。曹丕越是谦虚,大臣们越是起劲地劝进,递上的表章连篇累牍,措辞越来越肉麻。

汉献帝也知道汉朝气数已尽,故十分配合地连下了四道禅位诏书,苦苦地恳请曹丕登上皇帝的宝座。但曹丕却说:听到这个诏命,真吓得我五内震惊,浑身发抖。我宁可跳东海自杀,也绝不敢接受汉朝的诏书。但朝中的文武大臣自然心领神会,一边上书,一边筑起受禅台。经过 9 个多月的精心准备,公元 220 年 10 月 13 日,早已徒存名号的汉献帝将象征皇帝权力的玺绶诏册转交给曹丕,宣布退位。10 月 28 日,曹丕在大臣所上的登坛受命表上,批下了“可”字。

虽然曹丕看起来比较假,但他优待了下台之后的汉献帝,汉献帝得以善终,活得比曹丕还久。而曹魏之后的西晋、东晋和南北朝频繁发生权臣流血政变,前任皇帝往往被杀。

伪装不情愿有什么好处？

　　时至今日，我们在工作场景中依然可以看见假装不情愿的影子。即使有些候选人对领导岗位充满向往，私底下努力争取，但在公开场合，他们也会假装自己不感兴趣、不愿意。如果被问到，最多也是说服从组织安排。这种策略性的谦逊，有时候也算一种谨慎和聪明的社交策略。

　　伪装的不情愿，有可能是一种自发的心理防御机制，有时候连当事人都不觉得是自己在故意伪装。这与弗洛伊德的"反向形成"（reaction formation）概念相似。反向形成是指如果一种本能直接地或间接地产生了巨大压力，人面对来自内心的波涛汹涌的、不被社会接受或与自我形象冲突的欲望时，会跳到该本能的对立面去，以避开该本能的进攻。表现相反的行为或情感可以降低内心的恐惧与焦虑，给自己可能的失败打个预防针。例如，有些男孩捉弄自己喜欢的女孩，仅仅是因为害怕被拒绝。如果真的被拒绝，男孩就可以自我辩解说我本来就不喜欢她，或者辩解说她只是不喜欢被捉弄，而不是不喜欢自己。在职场，一个人可能在潜意识里极度渴望一个职位，但在表面上却表现出对这一职位的漠不关心或不情愿。如果未能获得期望的职位，他们可以安慰自己，这是因为我本来就不喜欢这个职位，或者是因为意外卷入竞选而准备不足，并不是能力不够。这样候选人在心理上可以更容易地消化潜在的失败，不会过于尴尬和沮丧。

伪装的不情愿当然在更多的时候是故意的，还经常作为一种谈判策略，在职场谈判中发挥重要作用，尤其在涉及职位晋升或薪资等关键利益的时候。候选人通过对职位表现出一定程度的犹豫或不情愿，凸显自己作为合格候选人的稀缺性，以期获得更好的就职条件或更有利的协议。这种策略的使用需要候选人对自身价值和市场需求有准确判断，不能漫天要价。例如，一个候选人可能清楚自己是该职位的唯一合适人选或者具有难以替代的专业技能，此时表现不情愿，才能提高自己在对方心目中的价值，让对方认识到自己的重要性。组织可能会为了挽留或者说服这名重要人才，提供更具吸引力的薪资或更好的工作条件。

1521 年，明武宗驾崩，因为他没有儿子，主事的内阁首辅杨廷和决定请在湖北的藩王朱厚熜（即嘉靖帝）进京继承皇位。没想到这位年仅 15 岁的少年精明程度堪比 50 岁的老者。他行进到京城外围，和大臣在进城路线上发生了激烈冲突。大臣们希望朱厚熜走东安门，在礼仪上，这条路线是专门为皇太子设计的。他们希望朱厚熜执行礼部的计划，走个程序，先过继给先帝做太子，然后登基。而朱厚熜坚持走大明门，说这才是正牌的皇帝进京路线，他有自己的爹，不认先帝做爹。对峙之下，朱厚熜抛出的重磅筹码是自己不进城了，要返回湖北，反正这个皇帝他也不乐意当。遇到这个二愣子，拦路的官员们只好让步，恭恭敬敬地把朱厚熜从大明门迎了进去。登基之后的少年皇帝吃准了自己的稀缺性，继续咬住"谁是我爹"这个话题，和群臣展开了长达 3 年的拉锯战，最终获胜，史称"大礼议"事件。

客气过头也不好

谦虚作为人际交往中的一个潜规则，带来了一系列的复杂性和潜在问题。虽然适当的谦虚可以提升个人形象并保护自尊，但过度或虚假的谦虚行为，特别是在职场环境中，确实会导致沟通效率降低、信息误传，甚至引发信任问题。具体来说：

第一，这会增加沟通成本与浪费时间。在需要迅速做出决策的职场环境中，过分的谦虚或"三推三让"的文化可能会导致沟通过程冗长且低效。在这种文化背景下，人们可能会反复地推辞和谦让，这不仅拖延了决策过程，还可能导致关键信息的传递被延误或变形。例如，一个团队在讨论一个重要项目时，如果成员之间不断地相互推让领导权，可能会导致项目进度缓慢，甚至错失关键执行时机。在紧张的商业竞争环境中，这种冗长低效的沟通方式可能会导致组织失去竞争优势。

第二，这会造成组织选错人才，浪费资源。如果个体和组织无法准确解读彼此的意图，可能会导致人才选用决策偏差。例如，一个具备出色能力和创新思维的候选人，可能因为过分谦虚而被误解为缺乏自信或专业能力，从而错失升职或领导重要项目的机会。同样，组织在寻找合适的领导者时，可能无法从众多自谦的候选人中准确识别出真正具备领导雄心、能力和经验的人才。如果因为误解而不用优秀人才，就会浪费宝贵的人力资源。此外，过度自信或表现过于张扬的员工可能被错误地评估为具有较高的领导潜力而得到任命，而不合适的领导者可能缺乏必要的决策能力和远见，最终造成组织业绩下滑或者重大失误。

第三，伪装不情愿会使选拔和合作过程复杂化，造成暗斗和不和谐的公司文化。如果候选人的领导意愿不透明，选拔过程会变得更加复杂和低效，可能导致工作环境的紧张和不和谐。当公开透明的竞争被压制之后，点名任用的权力转而集中到少数上层人物手里，有意担任领导职务的人只会通过桌子底下的交易来达成目的，比如贿赂、拆台、要挟、拉帮结派，组织文化会变得乌烟瘴气。在这种环境下，年轻员工可能会感到他们的努力和能力得不到公正的评价，从而导致士气下降和工作满意度降低。组织需要确保选拔过程的透明度和公正性，员工应当被鼓励表达自己的职业意愿和期望，管理者则应该倾听并考虑这些意见。

第四，伪装不情愿会对候选人的个人职业发展造成重大挫败。历史上，在关键领导岗位的竞争中，候选人犹豫不决、模糊表态或故作不情愿往往会导致严重的后果。候选人可以故作不情愿，别有用心的竞争对手当然也可以故作听不懂。候选人不仅会在此次竞争中出局，极端情况下还会终生被打压。在清朝初期的权力争夺中，豪格便是吃了伪装不情愿的亏。皇太极去世后，豪格和多尔衮两位亲王都是皇位的热门人选，他们各自拥有强大的支持和庞大的势力。豪格作为皇太极的长子，获得了两黄旗的坚定支持，同时还掌控着正蓝旗，实力雄厚。多尔衮虽不是皇太极的儿子，但也拥有共议国政贝勒们的多数支持，以及两白旗的坚定拥护，势力同样不可小觑。两人谁也不愿意退让。

就在这场僵持中，礼亲王代善和郑亲王济尔哈朗公开表态支持豪格，理由是他有皇子血统，这使得豪格一度在争夺战中占据了主动。但在会议关键时刻，豪格却甩出了一句让他后悔终生的客气话："我福小德薄，焉能堪当此任？"这句话的表态，让原本支持他的济尔哈朗和其他支持者产生了动摇。会议最终通过的是一个折中方案，即争斗两方都不当皇帝，让另一位皇子，年仅 5 岁的福临（即后来的顺治帝）登上皇位，多尔衮利用辅政王的身份掌握实权。此后，豪格虽颇多战功，却受到多尔衮的打压，后来被多尔衮下令监禁和处死。因此，如果真的对权力有追求，应在关键时刻展现出真实意图和决断力，以避免错失机会或造成更严重的后果。

第五，虚假的客套会引发信任危机。前后矛盾、表里不一的"推让"行为会被认为是虚伪和不真诚的，对个人的职业信誉会造成长期的损害。在职场中，信任和诚信是建立有效工作关系的基石。大多数组织和同事倾向于选择那些他们认为可靠和诚实的人来担任关键职位。一旦个人因为习惯性地掩饰真实动机被同事或上级视为不可靠或不诚实，可能会导致合作关系破裂，影响个人的职业发展，即使他们具备所需的技能和经验，也难以获得重要的工作机会或者继续晋升的机会。

所以，虽然谦虚是一种值得提倡的品质，但在职场和人际交往中应该以真诚为前提。领导学研究话题中有个

"真实型"领导风格，强调领导者的真实性和诚信①。首先，真实型领导者要对自我真实，对自己的优势、劣势、价值观和情感有清晰的认识，不掩耳盗铃。如果自我评价之后，有意愿、有自信做领导，能承受风险和代价，那就应该勇于站出来接受组织的挑选和考验。其次，真实型领导者要对他人诚实，不应该隐藏自己的想法或感受来操纵他人。相反，他们必须分享自己真实的思想和感受，营造一种信任和开放的氛围。如果领导者期待其他组织都讲诚信，讲相互信任，那么自己要以身作则，在自己的领导意愿方面要坦诚。

如何识别伪装的谦虚

组织要揭开伪装，判断候选人是否真的不情愿有点难度，需要考虑情境和行为的一贯性。偶尔的谦虚表现不一定意味着一个人是虚伪的。真正的谦虚通常表现为一贯的、低调的自我评价，以及对他人成就和价值的真诚尊重。

———————————

① GARDNER W L, COGLISER C C, DAVIS K M, et al. Authentic leadership: a review of the literature and research agenda [J]. The leadership quarterly, 2011,22(6):1120 – 45.

第一，在前期招募阶段，组织应通过细致的面试过程和对候选人过去的职业背景进行调查来评估候选人的性格和行为模式。历来直率的候选人会更少伪装不情愿，而更为圆滑或过去经常言行不一致的人，容易继续伪装。一个伪装的人，他的谦虚常常在公开场合表现出来，而在私下谈话或者日记中则会表现出自大或优越感。再者，如果候选人在理应得到夸奖的情况下依然拒绝认可自己的成就，也可能是虚假谦卑的迹象，目的是引起他人的进一步赞扬。此外，如果某人在人际交往中经常夸耀自己的谦卑历史，比如曾经拒绝担任过某个重要职务，这可能是一个信号，因为真正谦虚的人，比如爱因斯坦，通常不会频繁提及当年有多么难得的一个当领导的机会摆在面前，而他又是如何断然拒绝的。通过观察候选人的实际态度、过去的言辞和工作表现，以及如何回应问题，组织可以对他们的伪装倾向有一个初步判断。

第二，在中期沟通和决策阶段，组织要与候选人进行深入的沟通，了解他们的真实需求和对职位的看法。这可以通过直接问答、讨论候选人对工作的期望和顾虑等方式进行。虽然假装不情愿的领导者会尽力表现得和真正不情愿的领导者一样真诚，但一个区别在于在拒绝的同时，假装不情愿的领导者一定会透过他人间接传递"我很合格"

这个信号，希望留在决赛圈被选中，而真正不情愿的领导者传递的是"我不合格"这个信号，希望退出考察范围。另外，组织可以重点观察候选人的非语言信号，如面部表情、身体语言和声音语调。这些非言语线索往往能揭示候选人的真实情感状态。例如，如果候选人在表达拒绝时面带微笑或身体语言显得放松，这可能表明他们的拒绝是出于策略而非真实意愿。此外，组织还可以通过模拟实际工作场景，观察候选人在类似工作环境下的反应和行为，从而进一步验证其真实性。如果候选人处理领导岗位工作得心应手、游刃有余，至少说明他们给出的不相信自己的能力、从没想过当领导这样的理由站不住脚，更大的可能是不合算或者有伪装。

第三，在上任后观察和验证阶段，伪装的不情愿的领导者在后续行为上也会与真实的不情愿的领导者有明显差异。伪装几天容易，伪装几年就难多了。伪装的人在得到领导职位后就不必继续伪装，可以放下面具，展露出自己的本性，那些真正不情愿的领导者在工作中所承受的犹豫、压力、焦虑、负罪感并不会在他们身上出现。

我们来看一个有意思的名人。诸葛亮在《前出师表》中回忆说他原本是穿布衣的百姓，在南阳种地，安心苟且偷生，不愿被诸侯赏识或任用，但主公执着地三次登门请他出山，这可是在组织面临重大危难的时候，到现在，作为主要领导之一，他带领蜀汉集团已经二十一年了。这个给后主刘禅的奏章写于公元 227 年，刘备病故数年，诸葛亮作为顾命大臣辅佐刘禅，在蜀汉王朝的权力达到顶点。文中虽然表达了"夙夜忧叹"的思想压力，但指向的结论是他需要更努力地做好领导工作，带领军队北伐。他没有负罪感，并没有觉得自己不配这个职位需要让贤。他还敦促刘禅要相信他和他推荐的人，亲贤臣，远小人，从另一个角度，也说明他很希望自己设定的政策不被他人干扰和终止。诸葛亮自出山第一天起就全心投入工作，即使遇到重重困难，中途也从未提出辞职。读这篇文章的时候，我们虽不排除他是上任后边干边成长、兴趣转盛的第二类型领导者，但也有可能是他在刘备三顾茅庐请他出山时表达的不情愿掺有很大的水分。

《前出师表》是《三国志·蜀志·诸葛亮传》中的一部分，如果在这个传记中往前找，找到刘备请他出山时双方的谈话《隆中对》，情况就更清楚了。诸葛亮面对刘备，就跟大学毕业生参加董事长主持的最后一轮面试一样，押中了论述大题，欣喜中抖出了事先准备好的完美答案。在论及建立根据地时，什么地方适宜，什么地方不适宜，先拿下哪块地方，后拿下哪块地方，谈得一清二楚。在论及统一大业时，先谈对内、对外等多方面的准备，后谈如何两路进攻，思路也十分清晰。这些说明他对出山有极大的兴趣和期待，否则不会花费大量心思揣摩用人方刘备的心理，思考和背诵这些长篇答案，让刘备心悦诚服地拜他为军师。他有充足的技能储备和心理准备，只是在等一个理想的 offer。

说诸葛亮押题背答案只是我的猜测，可能错怪了他。那有没有其他证据揭示他的真实想法呢？有。在这个传记的开头，就说了诸葛亮当年在南阳，经常自比战国时期的管仲和乐毅。诸葛亮自比管仲、乐毅，一方面是他夸耀自己是又能治国又善用兵的全能型人才，另一方面说明他期望自己能像管仲、乐毅那样，遇到齐桓公、燕昭王那样贤明的君主信任他、重用他，让他能充分发挥自己的才干。可见他年轻的时候浑身透露着对建功立业的渴望。这与他后面在《前出师表》说自己在南阳躲在农村，就图保全个人性命，不愿被诸侯赏识和任用的表述彼此矛盾。因此，他在刘备三顾茅庐的时候表现的推辞，应该是一番客气话，他更多的是一位谦卑型领导者，而不是真的不情愿。诸葛亮上任前有雄心壮志和精心准备，上任后为了蜀汉鞠躬尽瘁，死而后已，贡献卓越，是古代忠臣的典范。他的伪装和遮掩瑕不掩瑜，不伤害后世对他的正面评价。

　　通过以上这些方法，组织能够更准确地识别候选人可能伪装的不情愿行为，从而在人才选拔和管理过程中做出更明智的决策。要想候选人坦诚，组织要先做到坦诚。组织应该建立一个公平、公正且透明的选拔流程，鼓励候选人真实地表达意愿，减少不必要的试探、隐藏和扭曲。组织应该消除因为顾虑是否礼貌而不得不伪装不情愿这种组织文化，鼓励直率地表达兴趣。

　　中国曾是一个差序格局的社会，依然有人因此而有所顾虑，不愿发挥个人的主观能动性。在这种背景下，组织需要重新设计选用工作流程来鼓励勇敢的人。一个能"逼"出有潜在意愿候选人的方法是发布空缺领导职位信息和任职要求的时候，尽可能做到全面、公开、透明，而且要求所有候选人本人必须在截止日期前报名，否则不能参与后续考察环节。报名之前组织可以接触各方候选人，做好发动、沟通、说服、争取工作，但是最终申请主动权要交到候选人手里。这样可以在一定程度上削弱候选人表态模糊、坐等被组织邀请的消极心态，降低组织考察候选人真实意愿和后续激励不情愿的领导者的工作难度。

　　如果候选人自己有强烈的领导意愿，也具备相关能力和民意基础，无论从个人利益还是组织利益的角度，都应该坦诚。借用耐克那句经典的广告语——想做就做（just do it），毕竟，真诚才是建立有效人际关系和职业关系的基石。

本章思考题

1. 谦让，从让人感到礼貌到让人感到虚伪，界限在哪里？

2. 真实型领导者把自己敞开给周围的人看，有哪些潜在的好处和风险？

第 8 章

家族企业的不情愿继承者

　　虽然在前面的案例中已经多次出现了家族企业的影子，但是由于家族企业继承问题的独特性和复杂性，使得对不情愿继承人的讨论变得尤为重要。继承不仅是家族企业内部管理的重要议题，也是家族企业可持续发展和传承的关键所在。相较于其他类型的企业，家族企业在选择继任者时不仅要考虑公司的业务和利益，还必须重视血统因素、家族情感和家族成员之间的关系。继承往往在不同代际之间产生，因此还会反映不同年龄层之间的价值观和行为模式差异。这种情况下产生的继承意愿问题更为复杂。因此，我专辟一章讨论不情愿的家族企业继承人问题，帮助大家理解家族企业的继任复杂性，以更好地规划家族企业的未来发展策略，缓解继任者的心理压力。

创二代的苦恼

　　德勤对家族企业成员进行调研后发现，仅有 20% 的调研对象明确积极地为进入家族企业做准备（见图 8-1）。虽然家族企业继承全球都难，但在中国更难。在东亚文化中，父权至上的家庭结构使得代际间的关系复杂而微妙。年轻一代如果过早地表达接管企业的意愿，可能被视作不敬或抢权的行为，激发家族内部矛盾。在这样的背景下，家族企业的继任计划往往被忽略或延迟，直到创始人因健康或其他原因被迫退位时。这种缺乏准备的交接对继任者来说构成了巨大的挑战。进一步的调研发现，继任者对于接班"忧虑重重"（见图 8-2）。他们可能并未准备好接管企业，或者不愿在重压之下承担这样的责任。继任者不仅面临着职业上的挑战，还要承受情感和心理压力。

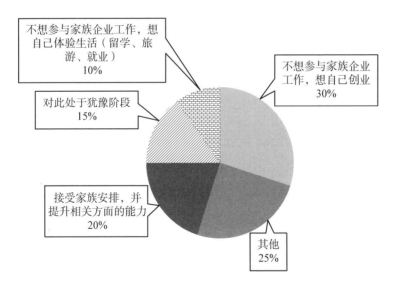

图 8-1　第二代对于继承家族企业的态度

数据来源：德勤中国. 2020 中国家族企业白皮书［R/OL］. （2020-12）［2024-01-29］. https：//www2. deloitte. com/content/dam/Deloitte/cn/Documents/deloitte-private/cn-private-family-enterprise-whitepaper-zh-201228. pdf.

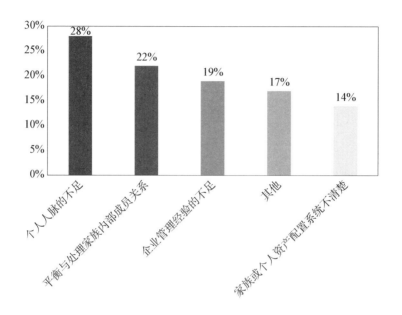

图 8-2   后代继承/创业面临的难题

数据来源：德勤中国. 2020 中国家族企业白皮书［R/OL］.（2020-12）［2024-01-29］. https：//www2. deloitte. com/content/dam/Deloitte/cn/Documents/deloitte-private/cn-private-family-enterprise-whitepaper-zh-201228. pdf.

从 20 世纪 80 年代开始实行的独生子女政策对中国家族企业继承人的选择产生了深远影响。没有实施独生子女政策的地方，一个家庭往往有多个子女，创始人挑选继承人的时候有选择余地，让人头疼的往往是多个子女争夺家族企业控制权。比如李锦记在第二代、第三代时，兄弟之间都曾爆发过股权争夺战，家族关系破裂，到第四代建立起制度才避免这一幕重演。但是中国的独生子女家庭面临的是相反的问题，他们没有其他潜在的继承人选，独生子女是家族唯一的继承希望，如果独生子女不情愿，家族企业就面临没有合适继承人的困境。因此，中国家族企业的继承问题变得更加复杂和紧迫。

西方社会重视契约关系，而中国社会更注重人际关系。按照社会学家费孝通在《乡土中国》中的说法："中国社会奉行的是'差序格局'，好像把一块石头丢在水面上所发生的一圈圈推出去的波纹。每个人都是他社会影响所推出去的圈子的中心。被圈子的波纹所推及的就发生联系。我们社会中最重要的亲属关系就是这种丢石头形成同心圆波纹的性质。"① 如图 8 - 3 所示，在家族企业中，创始人就是涟漪的中心，他们不仅在家族中占据核心地位，而且在企业内部也拥有无可匹敌的权威和影响力，这种影响力向周围逐渐辐射。他们的子女是紧挨核心的小圈子成员，受到的辐射影响非常强烈。年轻一代的继任者需要处理好来自老一辈家族成员的期望，他们不仅是接替商业角色，而且承担着家族荣誉的传承重任。

第二代会面临创始人两种相反的期待。一方面，因为

---

① 费孝通. 乡土中国 ［M］. 天津：天津人民出版社，2022.

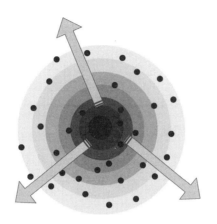

图8-3 中国社会的差序格局

资料来源：BCG中国. 基业长青：家族企业传承的成功之道［EB/OL］. （2022-03）［2024-01-29］. https://www. bcg. com/publications/2022/the-eastern-way-of-evergreen-for-chinese-family-businesses.

第二代年轻且经验不足，长辈会期待他们服从长辈的教导，即使他们对公司发展有独立的想法，也可能因为父辈的强势而不得不放弃或者妥协，这种情境下的第二代继承人很难从创始人的巨大影响力下独立出来，发展自己的领导风格。另一方面，他们必须展现出足够的能力和独立性，在业务上达到甚至超越前辈的成就，同时要能应对未来的不确定性，让创始人相信，即使创始人不在了，第二代还能继续引领企业向前发展。在顺从长辈与自主决策的双重期待下，第二代继承人很难找到一个合适的平衡点。

如果长辈对他们没有信心，就愈发强调顺从和不充分授权，而他们越顺从就越没有机会独立成长并让长辈对他们的能力有信心，所以这是一个恶性循环。

此外，第二代通常担心，如果接手家族企业，自己的每一项决策和行为都会被家族和公司员工拿来与已经获得了巨大成功的创始人相比较。鉴于创始人已经获得了巨大成功，不易超越，和他们持续比较会让第二代显得不那么能干。就算有所建树，也容易被归因于父母的保护。这些因素让他们对长辈安排的家族继承感到不情愿，而更乐意用其他方式证明自己。

2016 年，被称为"娃哈哈公主"的宗馥莉在接受澎湃新闻采访时说出了自己的纠结："对我来说，我不想做个继承者。为什么一定要继承呢？我不想去继承一家公司，但是我可以去拥有它。如果我做得成功的话，我希望能够去并购娃哈哈。那就是一种拥有，不是继承，对吗？"这个表态说明了她想证明自己的强烈愿望。进入公司工作后，宗馥莉围绕集团年轻化做出种种尝试，管理风格也跟父亲宗庆后有很大差异。2021 年，娃哈哈集团宣布 40 岁的宗馥莉出任副董事长兼总经理，负责日常工作，而 76 岁的宗庆后留任董事长掌舵，还是显出一丝不放心。

父辈能够在激烈竞争中突出重围生存下来，必然已经形成一套他们认为行之有效的模式或方法，吃到红利的他们因循守旧是常事，很难主动寻求变革，也希望后辈走现成的路线。一部分二代脱离父辈影响力的办法是开辟全新的创业战场，让老一辈在他们熟悉行业的经验和权威失去效力。第二代一般受过高等教育，尤其在国外接受过教育的人，更是拥有广阔的国际视野。随着互联网和高科技行业的兴起，新一代的家族企业继任者面临着与上一代截然不同的商业环境和价值观念。这些"创二代"继承者们在数字时代中成长，对虚拟经济、网络、电子商务、PE等投资方式兴趣浓厚，却不太情愿接管父辈的制造业或者投入很多力气做成本控制、流程优化，或者经营政商关系。他们的不情愿，不一定是抗拒承担责任，而是争取更大的空间来证明自我。

这些新兴行业往往不如传统行业稳定，第二代主导的业务绩效很可能大起大落，在低谷的时候需要父辈的支援和理解；而父辈主导的主业也可能有起伏，他们的精力也会随着年龄的增长而下降，退休问题绕不过的时候，很可能还是会召回原本抗拒的家族继任者。

本书第 2 章提到的山内溥就是如此。因为祖父病危，山内溥不得已接任任天堂社长。但他瞧不起祖父从事的扑克娱乐行业，拼命地寻找其他行业的快速赚钱机会，比如酒店行业、食品行业……但这些尝试都惨淡收场。支撑他不断试错的资本还是源自他迫切想要逃离的扑克行业。任天堂后来获得了迪士尼的大单，借助迪士尼的影响力，任天堂跃居为日本第一大扑克牌生产商，年度 63 万套扑克牌的销量几乎等于任天堂产品过去 15 年的销量总和。凭借着这波"热度"，1962 年，任天堂以扑克牌制造商的身份在大阪证券市场二板上市，股价一路飙升到每股 900 日元左右。这些充足的资金构成了山内溥向其他领域发展转型的资本。在多次商业转型失败后，任天堂的命运转机还是靠家族深耕多年的娱乐业。在山内溥和团队成员的共同努力下，他们开发的游戏机颠覆了行业，山内溥也开启了属于自己的任天堂时代，成功实现了家族行业和新思潮的融合。

老一辈应该如何做？

有研究表明：在中国的上市公司中，家族企业传给下一代，市值平均会跌一半[①]。企业价值下跌，最难过的应

---

① 王雨娟. 不想接班的"企二代"[EB/OL]. (2022 - 03 - 30) [2024 - 1 - 29]. https://m.huxiu.com/article/517484.html.

该还是创业的老一辈，他们把企业看作自己悉心照料的孩子，自然不想伤钱，也不想伤感情。基业长青需要两代人的共同努力。具体来说，家族企业需要做好如下安排：

早规划。家族企业的继承规划应当始于早期，需要创始人具备远见和洞察力，将接班人的培育提上日程。如果没有子女或者无人愿意继承，可以把考察圈子扩大到更广泛的亲属（包括血亲、姻亲和收养的后代）或者内部培养的干部，找出最有能力和最有干劲的继任人。

早规划的关键在于系统地、有策略地将继任者融入管理层，赋予他们广阔的视角和国际化的经验。例如，可以通过海外学习或工作经历来拓宽他们的视野，让他们学会与不同文化背景的人交流合作。尽早介入家族企业，不仅可以让继任者逐渐了解企业运作，还能帮助他们从情感和认知上与家族企业建立紧密联系。

以韩国 LG 集团的第四代接班案例为例。第三代领导人具本茂的独子 1994 年因故去世，经过仔细观察和考虑，2004 年具本茂将侄子具光谟过继为养子，并明确将其作为未来接班人。具光谟在 2006 年进入 LG 电子工作，担任高级经理，2007 年进入斯坦福大学商学院读书，中途中断学业进入硅谷初创企业工作 1 年，接着进入 LG 美国分公司，随后进入集团总部担任多个职位。经过 14 年长期而细致的培养和准备，2018 年具光谟接班，过程自然、顺畅，展示了 LG 在家族企业传承中的开放性和前瞻性。

选拔公正。如果有超过一位的潜在接班人，家族企业还需构建一个公正透明的选拔体系，通过明确的培养计划和标准化的流程，让接班人在实践中证明自己的能力。选择接班人时，透明度是关键，要确保所有潜在接班人都有机会展现自己的才能，同时也接受公开市场的评估。这样既不会伤害潜在接班人之间的和气，影响家庭氛围，减少因为顾及家庭关系而对于岗位不必要的"推脱"，还能让合格的接班人尽快融入公司环境，更早地与同事进行接触，得到同事的认可，减少上任后产生的孤独感。

允许更多选择。对于那些对家族企业传统经营方式不感兴趣的第二代，创立创业平台是吸引他们投身家族企业的有效方法。在家族内部创造创业环境，让他们有机会在家族企业的保护伞下尝试新项目和创新，这不仅能够维持家族的企业家精神，也能让第二代在家族企业中找到自己的位置。美的创始人何享健没有直接将儿子何剑锋置于公司的核心管理层，而是鼓励他在公司的帮助下独立创业，既培养了他的独立性和创业精神，也为他累积了实际的商业运营经验，同时也分散了家族企业的风险。

放权。家族企业的传承不仅是权力的移交，更是信任与自主权的授予。对于创始人而言，真正的挑战在于何时以及如何将控制权和自主权传递给第二代，同时确保企业能够顺应时代变迁，持续发展。这要求创始人展现出对继任者深厚的信任，允许他们在掌握必要的技能和经验后，自由地探索和实现自己的愿景；尊重他们的决策，不进行无谓的干预，而应专注于提供必要的支持和资源，不用垂帘听政的形式架空继任者。此外，为减轻继任者的过渡压力，人力资源部门应积极行动起来，通过举办团队建设活动、工作坊和社交聚会等方式，帮助第二代了解企业文化，建立人脉网络，同时在职业发展上提供指导和援助。这样，继任者不仅能更快地融入新环境，还能在减少阵痛的同时，为企业注入新的活力和创意。这种做法既尊重了继任者的个人发展，也保障了家族企业的长远利益。

本章思考题

1. 对于那些不愿意接管家族企业的继任者，除了劝说他们改变主意，还有什么办法保护家族企业的成长和家族的情感？

2. 在家族企业中，组织应当如何帮助继任者建立自己的领导风格，同时保持家族传统和企业文化的连续性？

附录：当领导忧虑症自测量表

假设组织邀请您担任一个重要的领导职务，在考虑这个职务时，以下每种可能性让您忧虑的程度是多少？

表1　当领导忧虑症自测量表

题号	内容	1＝完全不忧虑；5＝特别忧虑				
1	我犯的错误比以前更会被注意到	1	2	3	4	5
2	我在失败的情况下失去自尊	1	2	3	4	5
3	在失败的情况下失去面子或感到尴尬	1	2	3	4	5
4	我总是必须得证明自己	1	2	3	4	5
5	我面临更多的批评	1	2	3	4	5
6	我与家人共度的时间减少	1	2	3	4	5
7	我无法履行对家庭的责任	1	2	3	4	5
8	我没有私人空间或个人生活	1	2	3	4	5
9	我无法平衡工作和家庭	1	2	3	4	5

续　表

题号	内容	1＝完全不忧虑；5＝特别忧虑				
10	我没有足够的时间给自己（例如，爱好）	1	2	3	4	5
11	我没有足够的时间给我的朋友	1	2	3	4	5
12	我变得冷漠无情	1	2	3	4	5
13	我和伴侣的关系面临问题	1	2	3	4	5
14	我出现因压力引起的健康问题	1	2	3	4	5
15	我的决策可能会伤害同事的感情	1	2	3	4	5
16	我会对员工不公正	1	2	3	4	5

请把如下题的得分算出平均分，分数越高表示忧虑程度越高。

第1～5题，是你对于无法胜任领导角色的忧虑。

第6～11题，是你对于工作与生活平衡的忧虑。

第11～15题，是你对于成为领导后可能对自己或他人造成伤害的忧虑。

所有题的平均分是你对于当领导的总体忧虑程度。

量表翻译自：AYCAN Z, SHELIA S. "Leadership? No, thanks!" A new construct: worries about leadership [J]. European Management Review, 2019:16(1),21－35.

后　记

　　尽管人们通常认为领导这个职场角色充满吸引力，需要努力争取，但有些人在当领导的机会送上门时也不愿意接受。很多组织的员工抱怨"领导无方"，这个问题有时候是因为领导岗位被无能而专横的坏领导把持，但有时候是因为没有足够多的、具有正确价值观、能力和意愿的合格候选人来担任领导角色。如果不勇于表达自己的兴趣，有资格、有能力担任领导职务的员工就难以出现在组织搜寻人才的雷达上。我期望通过本书帮助更多人正视这个看似反常的现象，了解其背后的原因，完善应对方案，帮助更多的好领导站出来。

　　对于候选人个人而言，是否情愿当领导是一种对自己内心声音的正视；对于组织而言，经常出现不情愿的候选人是对组织健康程度的一种提醒。为了鼓励不情愿的候选人成为领导者并表现出色，组织必须倾听他们的疑虑和担忧，协助他们从领导角色中找到热情，并沿着这条道路发展他们的相关技能。

我鼓励组织采取积极的方法来识别和培养潜在的领导者，同时也尊重那些不愿意承担这一角色的个人的决定。只有理解和满足员工的需求，组织才能确保其领导层的稳定性和有效性，从而实现可持续的发展。可以计划，可以召唤，但也要尊重和理解。

2021年版的电影《沙丘》有一个片段，雷托公爵对年轻的儿子说："一个伟大的人不谋求做领导。但当使命召唤时，他会做出回应。即使你的回答是'不'，你依然是我的儿子，这是我需要你做好的唯一角色。"这样的态度值得老一辈创业者和组织管理者学习。真诚、平等、互相成就是上下级关系融洽和组织长久发展的金科玉律。

本书图片除非另有说明，都是我使用 AI 工具创作。我感谢许潇涵和陈蓬，他们对本书的初稿提供了部分素材和修改意见。我也感谢中欧国际工商学院和上海交通大学出版社的协助。